经典科学系列

可怕的科学
HORRIBLE SCIENCE

进化之谜
EVOLVE OR DIE

〔英〕菲尔·盖茨／原著　〔英〕托尼·德·索雷斯／绘　刘岳／译

U0257220

北 京 出 版 集 团
北京少年儿童出版社

著作权合同登记号

图字:01－2009－4337

Text copyright © Nick Arnold

Illustrations copyright © Tony De Saulles

Cover illustration © Tony De Saulles, 2008

Cover illustration reproduced by permission of Scholastic Ltd.

图书在版编目(CIP)数据

进化之谜／(英)盖茨(Gates,P.)原著;(英)索雷斯(Saulles,T.D.)绘;刘岳译. —2版. —北京:北京少年儿童出版社,2010.1

(可怕的科学·经典科学系列)

ISBN 978－7－5301－2359－1

Ⅰ.①进⋯ Ⅱ.①盖⋯ ②索⋯ ③刘⋯ Ⅲ.①生命科学—少年读物 Ⅳ.①Q1－0

中国版本图书馆 CIP 数据核字(2009)第 183429 号

可怕的科学·经典科学系列

进化之谜

JINHUA ZHI MI

[英]菲尔·盖茨 原著

[英]托尼·德·索雷斯 绘

刘岳 译

*

北 京 出 版 集 团

北 京 少 年 儿 童 出 版 社 出版

(北京北三环中路 6 号)

邮政编码:100120

网   址:www.bph.com.cn

北 京 出 版 集 团 总 发 行

新 华 书 店 经 销

北京同文印刷有限责任公司印刷

*

787 毫米×1092 毫米   16 开本   8.5 印张   40 千字

2010 年 1 月第 2 版   2021 年 8 月第 54 次印刷

ISBN 978－7－5301－2359－1/N·147

定价:22.00 元

如有印装质量问题,由本社负责调换

质量监督电话:010－58572393

目 录

乏味的生物课 …………………………………… 1

地球生命史浏览 ………………………………… 3

离经叛道的发现 ………………………………… 10

杀人的蚊子 ……………………………………… 31

物种探秘 ………………………………………… 50

迷人的化石 ……………………………………… 68

恐龙消失的秘密 ………………………………… 87

长着脚的鱼 ……………………………………… 95

街区的新生儿 …………………………………… 104

地球上还有什么 ………………………………… 118

编 后 语 ………………………………………… 124

疯狂测试 ………………………………………… 125

乏味的生物课

生物课总让人心里发怵，要学那么多奇怪的动植物，要记住那么多拗口的名词，而且老师总是让我们学习那些古怪难懂的术语。他们非要用难懂的术语来描述最简单的事物——这太不合理了！

其实，要是老师愿意的话，教学生学习生物有一个简便易行的办法：那就是别那么一本正经地陈述那些让人头痛的科学事实，而是把这些内容都变成有趣的故事。比如，上第一节课时最好别说："今天，我们要学的是叶绿体中的化学反应。"不然，有点儿自尊心的学生很快就会昏昏欲睡。老师应该这样开始："从前……"这样的开场白会在学生身上产生奇迹般的效果，让他们都变成出色的生物学家。每个人都爱听故事，所以每个学生都会竖着耳朵认真听每一个字。

1

　　生物老师得记住，生命就是一个故事。35亿年前，当最早的生物在大洋底部四处爬行时，生命就令人难以置信地开始了。从那个时候起，生命经历了数次极其严峻的考验。有时，可怕的灾难几乎使所有的生物灭绝了；有时，生命经受住不可思议的考验，繁殖出像墨斯卡灵类幻觉怪兽（请看第93页）那样古怪的动物。

　　地球生命的故事有个名字，叫做"进化"。这个故事到如今已经持续了35亿年，而且没有人知道它什么时候会结束。

　　进化是一个史诗般的冒险故事，它的规模之大就连好莱坞的导演们都没办法表述。这个故事中有灾难、奇迹、恶霸、英雄、恐怖，有时还穿插着一两个不错的阶段性成果。

　　进化就是这么神奇，令人难以置信。下面是一个生物进化的故事。你读过以后，就再也不会觉得生物课是乏味无趣的了。

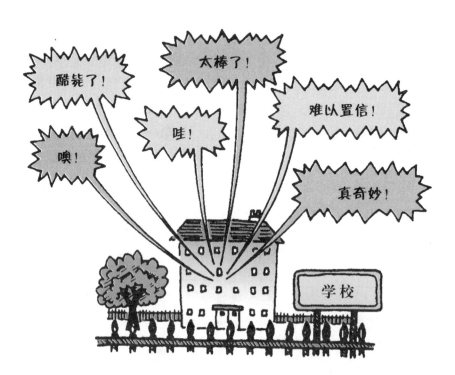

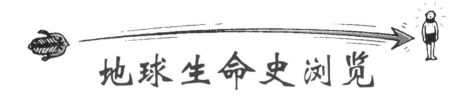

地球生命史浏览

地球有时是一个充满了敌意的生存之所。从生命最早出现在地球上开始，我们这个星球上的天气就变得反复无常，要么热浪滚滚，如干柴烈焰；要么寒冷刺骨，冰雪覆盖；有的时候阴暗潮湿，一片汪洋——有的时候一种状态可能持续上千万年。偶尔，我们的地球还被毒气包围，被太空中的小行星狂轰滥炸，或者被看不见的有害的紫外线疯狂地辐射。

快点儿，教授！调整时钟程序，我觉得这不是1966年。

但地球上的生命还是拼命地熬了过来，这是通过进化完成的。在这个过程中，地球上的生命不断地改变自己，一次改变一点点。有些生命形式很幸运，在刚刚出生时，体内便具备在恶劣环境中生存所必需的优秀器官，这些生命形式在经过一段时期的生长、繁殖后，又繁衍出具有生存能力的后代；另一些生命形式则很不幸，由于不具备这

别以为我能坚持到下一个冰期。

样的优秀器官而消亡。

这就是科学家所说的"进化"，有点儿像时装表演，你必须与时俱进，或者用科学家的话来说，你必须演变。

不过，时装几个月就会变化，而生物进化则是极其缓慢的，比如长出一双腿或一对翅膀的进化可能就要经过上千万年的时间。

生物进化的时间可比我们一节课的时间长多了，所以我们得加快速度。下面展现的是一部闪电般的地球生命史。大家坐稳了，下面，我们要以每秒1.5亿年的速度飞奔前进。

45亿年以前

星球爆炸的残余物产生了地球。那时，地球炎热难耐，到处是火山，没有水，没有空气，也没有生命。

40亿年以前

地球冷却下来，水形成了，开始下雨，于是一切都不同了。

35亿年以前

大气闻起来像是一个大屁，充满了硫黄的臭味，海洋中一种难闻的化学鸡尾酒反应发生后，生成了一种奇怪分子，叫作"脱氧核糖核酸"——你也可以叫它"DNA"*。

★顺便说一下，当多个单一的化学物质化合形成更为复杂的化学物质时，分子就产生了。DNA分子存在于所有生物的体内，它还能自我复制（请看第48页）。

4

30亿年以前

地球环境在不断地变化，所以，DNA分子也必须不停地进化，才能在恶劣的环境里生存下去。有些狡猾的DNA溜进适宜的生存组，成为第一个脏兮兮的细菌。这些

DNA分子

小虫不断繁殖，最后布满黏土层的表面。它们以硫黄为食物，所以在热天，空气中很快就充满了难闻的气味，就像你的臭球鞋散发出来的味道。

20亿年以前

上述这些活动都需要消耗能量，有的细菌，体内有大量叶绿素，所以显现出绿色，这样能够储存来自太阳的能量。这些细菌利用太阳光线，将水和二氧化碳转

化成糖作为食物，却不会因为晒太阳而在表面生成晒斑。它们释放出氧气，毒死了大多数食硫黄的细菌。然后，它们又重新回到深海，钻进臭烘烘的泥里，并一直生存到现在。

10亿年以前

终于，经过35亿年的进化，一种类似于动物的东西出现了，这些原始的虫子开始在水底四处爬动。

5.7亿年以前

生物突然加速进化，于是产生了奇怪的野生群体。而后，有些生物再次死去。生物进化的过程就是这样：向前迈两步，向后退一步。幸好有些生命活了下来，所以进化不必从头开始。

5亿年以前

 三叶虫出现了，它的样子有点儿像水下的土鳖，但它有土鳖的50倍大。

4.4亿年以前

植物登陆了，大地慢慢地变成绿色。海洋中到处是3米长的凶残海蝎，叫做"广翅鲎"，第一条长着上下颌的鱼进化成功（在这之前，它们能做的只是湿乎乎地吮你一口，可是现在，它们长出了上下颌，会咬你了）。一部分鱼长出了腿，开始在陆地上爬行。

4.1亿年以前

 大洋里难以计数的鱼类川流不息——这是钓鱼者的天堂。陆地上也变得热闹起来，到处都有呱呱直叫的两栖动物（青蛙和蝾螈的远亲）。不过，这可不是抓蝌蚪的好时机，因为有些两栖动物竟然如鳄鱼那么大。伴随着第一批昆虫的振翅飞翔，生命开始离开地面，飞向天空。

摇摆！

蠕动！

爬行！

拍打翅膀！

3.65亿年以前

大气层就像一个蒸汽浴室，这正是植物所喜欢的温暖潮湿的环境。在长满巨大蕨类植物的森林中，隐藏着巨大的蜻蜓（和今天的鸟类一样大），以及奇形怪状的千足虫和第一批爬行动物。

2.9亿年以前

哎哟！天像着火一样的热！而且越来越热，越来越干燥了。讨厌的爬行动物开始代替机灵的两栖动物。在海底逗留了2.1亿年后，三叶虫们的好运到头了——它们灭绝了。由于海面下降，它们赖以生存的那部分环境干枯了。

2.3亿年以前

在此前1.35亿年形成的小爬行动物到现在变得更大，也更凶猛了。是的，你猜对了，它们进化成了恐龙。进化有目的地创造出了各种各样的恐龙。巨大的食草动物腕龙，

一顿早餐能吃掉一棵树；凶恶的迅猛龙成群地捕食；残暴的霸王龙是最大的肉食动物。贪婪的爬行动物，还控制了大部分的天空和海洋：翼龙在头上咆哮；鱼龙和巨龟在海洋中游弋……这个时候的"小"动物们可真够倒霉的。

2.1亿年以前

大地鲜花盛开，各种昆虫以可怕的速度成群地出现；一些小型的毛茸茸的动物——哺乳  动物出现了。尽管它们又聪明又敏捷，可还是免不了被恐龙践踏。

1.4亿年以前

鸟从体形小的、善于飞跑的恐龙中演变而来；海洋中到处都是可怕的菊石，它们看上去  就像章鱼被卷在扁平的、旋涡状的贝壳里一样。

6500万年以前

噢！恐龙灭绝了。恐龙一消失，比它们更聪明的哺乳动物便神气起来了——现在，它们是地球上最凶猛的猎食动物了。

200万年以前

可怕的人类演化出来了。几次冰期冻得他们牙齿咯咯作响；猛犸为了抵御严寒长出了长长的毛，可还是没有逃脱死亡的厄运。难道是  人类猎手把它们都变成了毛皮大衣和猛犸三明治了吗？

现在

人类发明了轿车，代替步行；马路上，上班族开的车排着长队，马达突突作响。于是，城市的空气又变得像巨大的臭屁一样。科学家发明了原子弹，它能把时钟倒拨45亿年。你不相信吗？ 如果你按下红色的按钮，就会听到最响的爆炸声，然后，我们都会回到从前，一切再从头开始了。

你一直在听我讲吗？很好！让我们接着讲下去。

今天轮到了我们，人类成为地球的主人。

我们是怎样到地球上来的？

我们是从哪里来的？

在逝去的45亿年里，究竟发生了什么，使毫无生机的灼热地球变成数百万动植物共同拥有的青山绿水的美好的家园？

这可是个大问题。

科学家能回答这个问题的一部分，但这需要一点儿时间。来，先吃点土豆片和糖果，再喝点饮料，补充一下体力，休息一下，然后准备迎接这些科学难题的答案。

离经叛道的发现

19世纪初期，大多数人都期待宗教领袖们能提供这些难题的正确答案。所以，如果你问一位大主教或者红衣主教生命是怎么开始的，他们会让你去读《圣经》。不同的教派会有不同的答案，但有一点是他们的共识：

上帝创造了生命！

当时大多数英国人都信奉基督教。《圣经》的第一卷书"创世记"中说，是上帝创造了天堂和地球，然后，又让生命遍布地球。

你应该读一下这本书——它里面的故事确实不错。如果你读了

哦！我差点忘了……

《圣经》，就会了解到人类只不过是上帝计划外的产物，是上帝创造万物的第六天，也就是最后一天才被创造出来的。

那可真是忙碌的一周。有位牧师甚至不辞劳苦，算出了上帝创造世界的具体时间……

你肯定不知道！

阿舍大主教在1620年算出了世界是从什么时候开始的。他认真研读了《圣经》的每一页，然后把所有人物的年龄加起来，一直追溯到最早的人类——亚当和夏娃，他们出现在"创世记"的第一章中。于是，阿舍大主教推算出上帝于公元前4004年10月23日星期日上午9点创造出了亚当和夏娃。

今天，现代科学实验已证实，我们的地球大约是45亿年前一次星球爆炸后产生的，这样算来，地球的年龄比阿舍大主教的推算大将近100万倍。在45亿年中，能发生多少事情啊！

新观点层出不穷

大主教们发现，那些研究岩石的地质学家们，专爱惹是生非，他们一个接一个地将古代动物的化石从岩石中挖掘出来，有些化石是人

们以前从未见过的。

十分有趣的是，这些丑陋的动物化石中，居然没有一点儿人类骨骼的迹象，甚至找不到不幸被野兽当做早餐的人的骨骼化石。这样看来，人类好像的确是地球上的新居民，几乎是在万物俱备之后才来到这里繁衍生息的。

在达尔文（请看第15页）对这点有所察觉之前，就已经有几位科学家开始怀疑，所有生物都是由它们灭绝了的祖先演化而来的，可是他们大都害怕说出这样的想法。但也的确有几位胆大的科学家勇敢地站了出来，公布了他们的观点，人们听到这样的言论总是大惊失色，而牧师们对怎样解释这事早就做好了准备。

那么，为什么再往岩石深处挖时，你会发现很多层的动物尸体？它们是在不同时期灭绝的。难道是因为洪水多次泛滥，有很多挪亚方舟吗？

哈哈，当然不是！是上帝开了个小小的玩笑，他把动物尸体放在那儿迷惑你们的。

但我觉得这像是生物进化的结果。在地面的新岩石中，有多种不同的化石，而底下的旧岩石中却没有。由此可见，后来变成化石的动物肯定是从原来的动物进化而来的。

有什么证据！

如果生物确实在进化，科学家就必须提出能够说服人的理论来解释生物进化的过程。在英吉利海峡的另一边，一位大胆的法国人提供了答案，他就是拉马克。

科学家画廊

吉恩·巴普蒂斯特·皮尔·安托尼·德·莫内特，或称德·拉马克骑士（1744—1829）　国籍：法国

拉马克总是爱这样称呼自己，免得别人在他说完名字的最后一个字之前就睡着了。他曾是一位优秀的士兵。后来，他决定放下宝剑，操起解剖刀去当一名动物学家。经过对动物内脏的潜心研究，拉马克提出了一套震惊世人的进化学说，这种理论是这样的：

如果动物反复做同一件事情，它的身体就会慢慢地发生变化，这样做起事来就会更省力。所以，如果一只鹿伸长脖子去吃很高的树上的树叶，日复一日，等到变老时，它的脖子就会慢慢变长。

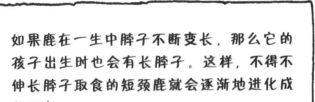

如果鹿在一生中脖子不断变长，那么它的孩子出生时也会有长脖子。这样，不得不伸长脖子取食的短颈鹿就会逐渐地进化成长颈鹿。

如果你仔细琢磨，就会发现，这其实是一个十分愚蠢的想法。这意味着如果那些训练刻苦的奥林匹克运动员，身强体壮，肌肉发达，那么他们的儿女就不用像父母那样辛苦，生下来便成为奥林匹克选手。

多数科学家不同意拉马克的观点，而且还嘲笑他。但是起码他有一套理论来解释生物进化的过程，尽管这套理论并不符合实际情况。他的做法还是激励了另外一名科学家去寻求正确答案。请走进……

科学家画廊

查尔斯·达尔文（1809—1882） 国籍：英国

查尔斯·达尔文是世界上最伟大的科学家之一，他的祖父是世界著名的陶器制造商乔西厄·韦吉伍德，并娶表妹艾玛·韦吉伍德为妻。这个家庭充满了陶器艺术的气息。

有人说达尔文这个人有点儿喜欢狂想，他的好奇心致使他做了许多奇怪的事情……

他对着虫子吹奏音乐，想研究清楚虫子是否能辨别不同的声音。

他给一种叫"茅膏菜"的食虫植物吃烤肉，来观察这种植物是怎样消化食物的。

但最不同寻常的是，达尔文揭开了生物进化的真正秘密，至今他仍因此而被世人纪念。

考考你的老师

看看他们对达尔文的了解有多少？

让老师们猜一猜，下面的答案哪些是对的，哪些是错的。

1. 达尔文写了哪本书？

a）《物种起源》

b）《失去的世界》

c）《进化之谜》

2. 达尔文最喜欢的植物是：

a）食肉的捕蝇草

b）喷瓜

c）菜花

3. 达尔文是世界……方面的顶级专家？

a）藤壶

b）跳蚤

c）猴子

4. 一天，他出去收集甲虫，恰好看到一只他想找的甲虫，可他当时每只手里都有一只甲虫，他是怎么做的？

a）把手里的甲虫放在帽子下面，然后用两只手去抓。

b）把一只甲虫放进嘴里，腾出一只手去抓。

c）踩死了它。

5. 下面哪一个是以达尔文命名的？

a）澳大利亚的一个城市。

b）一种把幼崽放在嘴里的青蛙。

c）一种做香水用的香味植物。

答案

1. a）正确，b）和c）错误。他还写了许多其他方面的书，内容包括珊瑚礁、藤本植物、兰花、蚯蚓和鸡、鸽子及其他家养畜禽。

2. a）正确，b）和c）错误。他称捕蝇草为"世界上最奇妙的植物"，因为它的叶子像嘴一样，能快速"吞下"落在上面的苍蝇。

3.a）正确，b）和c）错误。如果你想了解有关藤壶的情况，应该去问的第一个人就是达尔文。人们曾经认为藤壶和蜗牛是近亲，直到达尔文仔细观察藤壶后，才证实藤壶的近亲其实是蟹类。

4.b）正确，a）和c）错误。他放在嘴里的甲虫是一只放屁虫，它从尾部放出一种热乎乎的液体，烫伤了达尔文的舌头，结果他不得不把它吐了出来。

5.三者都是以达尔文命名的。小达尔文青蛙在遇到危险时会跳进妈妈的嘴里。

达尔文上大学时并不擅长考试，他更喜欢把时间花在观察甲虫等爬行动物身上。大学毕业后，他报名当了一名船上自然学者，在环游世界的5年中，他的自然历史知识派上了用场。

达尔文与众不同的想法

达尔文开始环游地球，考察野生生物时才22岁，但他并不是当水手的料，因为他经常晕船。

在去南美洲的途中，他们经常中途停船。船长忙着绘制海岸地图，而达尔文一有时间就在岸边收集更多的爬虫标本。

这艘名为"猎犬"号的轮船只有30米长，可是居然有74名船员在船上生活了5年！

很难想象"猎犬"号上的生活情景，也许是这样的：

时间是1835年，在南太平洋汹涌的波涛里，"猎犬"号倾斜摇晃着。有两个人坐在船舱里，一个是海军军官，他的制服上装饰着金色的穗带；另一个长满了络腮胡子，秃顶，看上去挺随和，这就是达尔文。

达尔文惬意地打着饱嗝，斜靠在椅子上，正从牙缝里剔出一小块乌龟肉。

"真是一顿美餐，费茨罗依船长。"他说，"但我更希望能把大龟活着带回家。"

费茨罗依长叹一口气，他已经失去了耐心。已经有4年多了，他和达尔文挤在这间狭窄的船舱里，有时他真希望当初没有让这个古怪的自然学者上他的船。费茨罗依周围随处可见的，是那些死了的动物瞪着眼睛从瓶子里盯着他，几串鹦鹉皮吊在他头顶上左摇右晃，撞歪了他的帽子；每次船在汹涌的浪涛中颠簸时，都有成堆的植物从桌子上滑下来；每次在甲板上散步时，他的脚都会冷不丁地碰到一些巨大的灭绝动物的骨化石，那些都是达尔文收集的。

"对不起，达尔文，没地方再放活动物了，看看你身边，哪儿还能放下6只大乌龟？"

达尔文看了一眼费茨罗依的吊床，什么也没说。他把视线移到那堆空龟壳上，每一只都是从刚刚经过的加拉巴哥群岛（在厄瓜多尔以西的太平洋中）中的不同的小岛上采集到的。忽然，达尔文发现一件他以前从没注意到的事——每只龟壳的图案都有些不太一样。为什么呢？他陷入了沉思。

有一段时间，达尔文冥思苦想着这个问题，他张开嘴，凝视远方，浸泡在瓶子里的标本在他眼前游动着……终于，他恍然大悟。

他终于弄明白了。加拉巴哥群岛的乌龟让达尔文浮想联翩。

会不会是一种乌龟先从南美洲海岸游过海洋，登上了一个岛屿？是不是每次迁居新岛屿，它的后代都会有些改变呢？因为每个岛屿与其他岛屿都有所不同，岛内长着不同的植物，所以，也许生活在不同岛屿上的乌龟也会有所不同吧。

突然，似乎一切都有了答案。他回想起在群岛上看过的鸟类，那些岛上都栖息着一类小型的褐色雀鸟，而在不同的岛屿上，这些鸟的具体种类又都不同。它们基本上是一样的，但不同岛上的雀鸟的嘴形都有细微的差异，也许它们都是从一个岛屿上的同种雀鸟演化而来的，然后在迁居到其他不同岛上时又有所演化。

加拉巴哥群岛指南

1535年，西班牙人发现了这些岛屿。他们发现那里有巨大的乌龟，于是就把岛屿叫作加拉巴哥——西班牙语的意思就是"乌龟"。

在南美洲距厄瓜多尔西海岸960千米的海底，火山爆发形成了这些群岛，至今那里仍有频繁的火山喷发。

这些岛屿曾经是海盗和冒险家最喜爱的度假胜地。海盗把南美洲的城市洗劫一空后，就会到这里来小憩一阵。饥肠辘辘的海盗们特别喜欢在海边享受乌龟盛宴。

生物进化档案

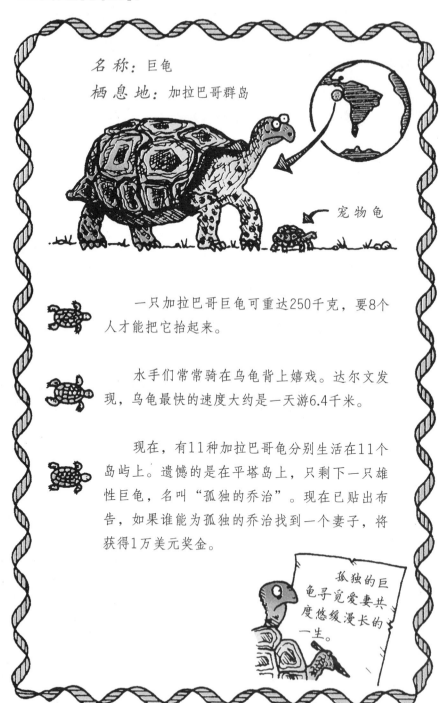

名称：巨龟

栖息地：加拉巴哥群岛

宠物龟

一只加拉巴哥巨龟可重达250千克，要8个人才能把它抬起来。

水手们常常骑在乌龟背上嬉戏。达尔文发现，乌龟最快的速度大约是一天游6.4千米。

现在，有11种加拉巴哥龟分别生活在11个岛屿上。遗憾的是在平塔岛上，只剩下一只雄性巨龟，名叫"孤独的乔治"。现在已贴出布告，如果谁能为孤独的乔治找到一个妻子，将获得1万美元奖金。

孤独的巨龟寻觅爱妻共度悠缓漫长的一生。

返航归来，达尔文一眼就能从龟壳的外形上分辨出哪一只乌龟来自哪个岛屿。

也许乌龟身上还有其他可以辨别的特征，但已经来不及发现了，因为达尔文和费茨罗依虽然把一些活巨龟装到了船上，但后来把它们都吃掉了。

似乎所有不同种类的乌龟都是从同一个祖先进化而来的。由此，达尔文开始猜想，是不是所有生物的进化方式都是相同的？

加拉巴哥群岛的乌龟之间的差异极小，但后来他开始想，不同物种之间的巨大差别是不是也可以用进化来解释呢？鱼类能不能扭动身躯浮出大海，长出四肢，进而进化成蝾螈和青蛙这样的两栖动物呢？

假如人类和猴子是从同一祖先进化而来的，那又会怎样呢？

这可是个离经叛道的理论。达尔文知道，有人会不喜欢他的观点，人和猿怎么可能是近亲！

可怕的想法

回到英国，达尔文安顿下来后开始写他的旅途见闻。他又想起了那些奇怪的动物和植物，他相信，现有的各种生命形式都是从远古的祖先进化而来的。

这也就是说，今天地球上所有生物的祖先都可以追溯到生活在远古海洋中的简单生命形式。

人类和黑猩猩一定是从同一远古的、现在已经灭绝了的祖先进化来的。

人和猴子的祖先相同，但他们进化出了不同的本领。

达尔文只能得出一个结论，那就是：生物不是上帝在公元前4004年一手创造的，今天的动植物是从祖先极其缓慢地进化而来的。

这是个极为可怕的想法，他知道这会使他陷入困境。于是，达尔文决定在公开他的理论之前先等一等。

他等了一周。

他等了一个月。

他又等了一年。

最后，他鼓足勇气，用了20年的时间，写完这部关于生物进化论著。书名叫《物种起源》*，这本书立刻成了畅销书。人们早已风闻书中有些奇谈怪论，于是他们纷纷拥进书店，争相购买。1859年，这本书在出版的当天，就一售而空。

达尔文最终决定在1859年公开他的想法，还有这样一个原因，就是有人要抢在他前面发表生物进化理论。当时，有一位自然学家叫阿尔弗莱德·罗塞尔·华莱士（1823—1913），他收集了太平洋群岛上的动物标本，然后向博物馆出售，并以此谋生。他同样意识到了生物间的演化关系，于是他给达尔文写信，在信中谈了他的奇思妙想。可这并没有使达尔文感到欣喜，因为是他先弄清楚生物进化过程的。要知道，没有一个科学家是作为第二个发现者而闻名于世的。于是，达尔文坐下来，以最快的速度完成了这本书。

　　★ 实际上书名并不止是《物种起源》，全名是——请深吸一口气！——《依据自然选择或在生存斗争中适者生存的物种起源》。《物种起源》只是说起来比较容易一些。

公平地说，达尔文和华莱士的观点是同时在一次世界杰出科学家的集会上公布于众的。可是几乎无人记得可怜的老华莱士，而达尔文却赢得了所有的荣耀。科学也许就是这样残酷无情。

迎接挑战……

《物种起源》为达尔文带来了名誉，可是与此同时，他也必须承受憎恨他的人对他的批评。追随他的人被称为"进化论者"，反对他的人就被称为"神造论者"，因为他们相信《圣经》中"创世记"里的每一句话。

双方之间展开了一场唇枪舌战。达尔文忍受不了太多的公开辩论，所以大部分时间他只是留在家里，而由他的进化论支持者出面摆平对手。

最著名的辩论发生在1860年6月30日，当时，"英国科学发展协会"在牛津大学博物馆举行了一次大会。

神造论者与进化论者的舌战常常是不欢而散。不过，一位威尔伯福斯主教的著名支持者最终却是一败涂地。

他就是费茨罗依船长，曾指挥"猎犬"号轮船。在达尔文环游世界时，他与达尔文住在同一个船舱。和维多利亚时代的许多人一样，他认为《圣经》中"创世记"里的每一个字都是真实的。他感到恐惧，因为在达尔文收集有关邪恶的进化理论的证据时，他无意中帮助了达尔文，从而动摇了人们对宗教的信仰。

1865年4月30日，一个星期天的早晨，他把自己反锁在书房里割喉自杀了。也许，你觉得这么做有点儿过分，但这恰恰说明，当时的人们是多么厌恶自己的家族里有几只猴子的怪想法。

不止是老费茨罗依一个人不相信达尔文学说，许多科学家也同样持怀疑态度。他们指出，动物有办法把身上最优秀的部分遗传给下一代，如果在死前不能把最好的特征传给后代，那么这种动物即使是全副武装，是最适合地球上生存的，也毫无意义。因为，使它们成为佼佼者的杰出特征也会随它们而去，一切依旧，没有什么生物进化。

对这个问题，达尔文提供不出令人满意的答案。

即使是达尔文，也没有找到所有问题的答案，但其他科学家可

以接受他的观点。通过研究化石（请看第68—86页）和活着的动物及昆虫，他们进一步去证实这一生物进化理论。研究对象包括兔子那类机灵的动物，以及蚊子那样微小而恶毒的昆虫。渐渐地，在科学家眼前出现了一幅图画，虽然并不完美，但科学家们最终了解了进化的过程。下面把脸蒙好，要喷杀虫剂了，准备迎接……杀人的蚊子！

杀人的蚊子

生物进化是一个伟大的新思想，科学家要想证明它的正确性，而且能让人心服口服，就得有确凿的证据。

幸运的是，科学家们的确可以证明进化的存在，因为在他们的眼前就能看到生物进化的实例。发生在生物体上的巨大变化要用上千万年，但是细小的变化却可以快得惊人。

进化档案

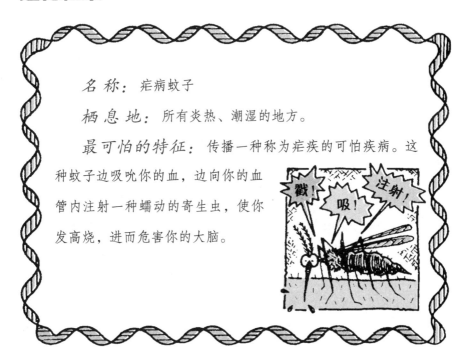

名　称：疟病蚊子

栖　息　地：所有炎热、潮湿的地方。

最可怕的特征：传播一种称为疟疾的可怕疾病。这种蚊子边吸吮你的血，边向你的血管内注射一种蠕动的寄生虫，使你发高烧，进而危害你的大脑。

为了能杀死蚊子携带的疟疾寄生虫，科学家们发明了多种药物。最初，药物的效果非常令人满意，可是总有几只寄生虫存活了下来。

这是因为寄生虫个体之间有些细微的差别，所以总有几个幸运儿有效地抵御了化学药性的侵害。

这些讨厌的寄生虫的变种在人体中存活了下来，当另一只蚊子再来吸血时，便进一步传给新的受害者。

于是，科学家们不得不从头开始，寻找新的药物来消灭这个带有新变种的宿敌。

如果不是疟疾寄生虫经常变种，我们也许早就摆脱这种可恶的疾病了。糟糕的是，这些寄生虫总在不停地演变，而且总是比科学家们先行一步。

你肯定不知道!

▶ 当个体生物的特征发生微小的改变时，这种生物就叫做突变体，这种变化则叫做突变。

▶ 多数情况下，突变对生物本身没有什么影响。菜花就是一种发生突变的卷心菜，长满白色花蕾的顶部从不开花。菜花之所以能存活下来，完全是因为有人喜欢吃这种像大脑一样的蔬菜，他们有意去种植它，但从菜花的角度来看，不能开花是致命的，所以如果没有人的帮助，菜花无法存活。

▶ 有的时候突变是有益的。当人类开始用化学喷雾药袭击它们时，当气候变热或变冷，或者难以觅食的时候——适当的突变的确意义重大。拥有身体优势的突变体不仅能够生存，而且能够繁衍，留下大量自己的复制品，如同疟疾寄生虫那样。于是，一种有细微差别的新物种就进化而成了。

北极熊刚到北极的时候，情况就是如此。起初北极熊的毛皮是棕色的，但随着时间的推移，有些北极熊的毛皮演化成了白色。而那些毛皮依旧是棕色的北极熊发现，与白色的北极熊相比，它们在雪中很难隐蔽自己进行捕食，因此，它们很难吃饱，慢慢地它们死光了。

兔子的成功秘诀

兔子繁殖的速度就像……噢，像兔子奔跑一样，真的，速度奇快。每只兔子每年大约能生下50只小兔子。

只要有充足的食物、水和生存的环境，动物的数量就会趋于上升。如果食物和水开始变少，它们的生活就艰难多了，为了活下去，它们不得不与同种动物的其他成员竞争。

假设你是只兔子——当然没那么简单，但可以试试——你想当棕兔、黑兔还是白兔？

现在选好颜色，然后看一下你能存活多久：

设想……

a）你在犁过的地里寻觅味美汁多的蔬菜。

b）你夜晚外出——能摆脱危险吗？

c）人类正为了毛皮而猎取兔子，你安全吗？

d）地上有一层厚厚的积雪，鼬正在闻来闻去，寻找美味。

存活年限

a）如果你是只棕色的兔子，能活2年，因为你的颜色和大地融为一体；如果你是黑色的，能活1年，你的生命维持不了太久；如果你是白色的，就根本活不下去，因为你就像发炎的大拇指那样伸在外面，十分显眼，路过的鼬很容易捕捉到你。

b）如果你是棕色或者黑色的，能存活2年，你不会被经过的猫头鹰轻易地捉住；可如果你是白色的，那就不妙了，猫头鹰会很容易发现你，所以别想活多久。

c）如果你是棕色的，则能活2年，因为用你的皮毛做时髦的大衣，颜色太单调了；可是黑色或白色的兔子根本别想活，因为你那漂亮的毛皮太诱人了。

d）如果你是白兔，能活2年，因为你与积雪完美地融为一体；但棕色和黑色的兔子活不了多久，因为鼬很快就会尾随而至。

下面，你把各项存活时间加在一起，就能算出你能活多久

棕色的兔子能存活6年，别忘了，你每年能生下50只兔宝宝，所以你至少会留下300只和你一模一样的小兔子，它们也会和你一样的成功。

黑色的兔子只能存活2年，如果幸运的话，最多能生下100只兔宝宝，但它们活下来的可能性可比不上它们的棕色表兄妹。

至于白兔嘛，如果运气不错的话，也能活2年，在身后也能留下100只小白兔，它们会天天盼着下雪！

现在很清楚了，为什么黑兔和白兔如此稀少。如果你选择当一只单调乏味的老棕兔，那你就最有机会在复杂的环境中活下来。

可是，如果气候发生了变化，那该怎么办呢？假如天气变得越来越寒冷，地面常年积雪，那结果就完全不同了，你的白兔表兄妹就成了最适合的生存者，它们活的时间将会最长。

在兔群中，大多数兔子有相同的特征，可总有几只兔子会发生突变，而且这样的突变是很容易发生的，变化方式也是多种多样的。例如有些兔子的肠子长一些，能充分地消化食物，如果整天吃草，这么长的肠子是很有用的。

考考你的老师

大多数科学术语听起来很难，但实际上，科学家使用这些术语的目的是使复杂的事物更容易理解。问问你的老师"嗜粪的"是什么意思？

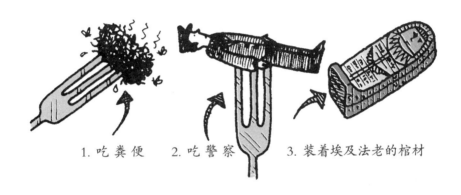

1. 吃粪便　　2. 吃警察　　3. 装着埃及法老的棺材

答案

是1。兔子是吃粪的，因为它们的肠子不够长，不能一次把吃进的食物全部消化掉，所以它们会把自己的排泄物再吃一遍，来吸收剩余的营养。科学家喜欢用"嗜粪的"这类古怪的词，因为这是描述兔子特殊习性的最简易的办法。可是大多数人不太理解，于是就说成"吃粪的"，可这听起来不如"嗜粪的"顺耳，你说呢？

善于捕食的突变体生存、成长并不断繁殖。逐渐地，它们开始取代没有突变的生物。于是进化发生了，物种也有所改变。

科学家们有时称之为"自然选择"，因为在野生动植物中，幸存者都是那些幸运地从父母身上继承了一系列优点的个体。

地球环境总是在一点一点地改变，随着时间的推移，产生新的有利突变的动植物也会渐渐适应新的环境；假如突变不曾发生，那么动植物就无法适应变化了的环境，而最终将会灭绝。所以，假如你想生存下去，就必须进化，否则就会死亡。

"哈哈哈哈！他的鼻子和他妈妈的一样。"

所有的生物都略有不同，这就是突变。这是从父母身上遗传的，可能你也注意到了，在一家人中，某些面部特征十分相近。当这种情况发生在你身上时，你会嫌弃吗？

可气的是，所有的孩子都不得不忍受这样的比较。他们的姑姑、叔叔、伯伯以及爷爷、奶奶总是忍不住把他们这样地比来比去。人们一直在为某些特征在家族中遗传而惊叹不已，而且也搞不明白为什么会这样，最早找出这种原因的人中有一位是希腊科学家希波克拉底。

科学家画廊

希波克拉底（公元前460—？无人确切地知道他何时去世）国籍：希腊

希波克拉底在诸多方面都很有名气，他被称做"医学之父"，因为他发明了多种方法，可以查出病人的病因，并找到治愈的手段。即使在今天，医生们还要诵念"希波克拉底誓言"，宣誓将尽全力为病人服务，决不做任何伤害病人的事情。

真的，克鲁舍先生，这样对你的血压不好，还会拉伤手上的肌肉！

希波克拉底提出了一个不成熟的假说，解释了父母是怎样把自己的特征遗传给孩子的。

有的特征诸如蓝眼睛、高鼻梁、长腿等可从父母双方那里遗传给子女。

父母身体的每一部分都会产生一种神秘的混合因子，它们混合到一起，就构成了孩子身上的相应部位。

希波克拉底大错特错了。毕竟，如果你把颜色不同的油漆混合在一起，结果颜色总是模糊浑浊的，每种不同的色彩都没了，变成了混杂的颜色。所以，假如父母的特征仅仅是混合后表现在子女身上，那么，家里的每个人不久以后就会长得差不多一样。

如果高个子爸爸和矮个子妈妈有了孩子，孩子都将是中等身材；而孩子的孩子也会是中等个头，他们的孩子还会是中等个头，多么单调乏味啊！

达尔文明白，这个问题有点微妙。他的生物进化理论的基础是：每个人遗传不同的特征给他们的孩子，否则的话，突变体就不能把体内优秀的部分传给下一代了，进化也将无法实现。

希波克拉底的解释延续了2300年，该有人做出新的解释了，这个人就是孟德尔。

科学家画廊

格雷格尔·孟德尔（1822—1884）　国籍：奥地利（他的出生地现在属于捷克共和国）

孟德尔出生于农民家庭，所以对父母来说，要让他接受良好的教育非常困难，可他们知道儿子很聪明，于是便想办法凑足了钱送孟德尔上学，后来又送他进大学，结果孟德尔却当了修道士。他非常特别，对植物非常感兴趣，尤其是豌豆，他的大部分时间是在花园里度过的。

和达尔文一样，他也踏上了发现之旅，只是孟德尔最远只走到了花园最里面的一块菜地。1856年到1863年间，他每年都在花园里种满豌豆：加起来共有30 000棵。有高的、矮的、黄的、绿的，有皱褶的、光滑的，等等。然后他用一只小画刷为花进行异花授粉，把种子收集起来，再重新种上。

你能不能亲自试试，怎样给花授粉？

你只需准备：

▶ 一只小画刷

▶ 一些花籽儿——旱金莲属植物最理想

▶ 一只花瓶

▶ 一些用于播种的混合肥料

你要做的是：

播下种子，浇点水，等着它们生长、开花。花开以后，用小画刷采一点儿花粉。你大概知道，蜜蜂也是采集这些花粉的，然后把它们从一朵花带到另一朵花上。你用小刷子把花粉刷在花的柱头上，花粉将在这里受精，形成种子，然后你只需再种下种子，让它们发芽、生长。

这里有张图，告诉你一朵花各部分的名称和位置：

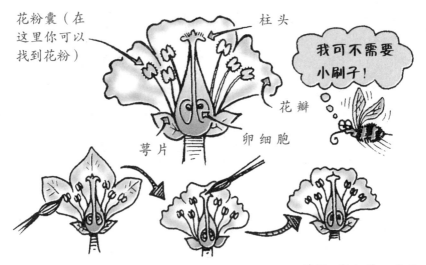

花粉囊（在这里你可以找到花粉）

柱头

我可不需要小刷子！

花瓣

卵细胞

萼片

花粉＋卵细胞＝种子

孟德尔承担了蜜蜂的工作，采下一朵花的花粉传授给另一朵花，所以他对哪些植物是杂交的了如指掌。

花结籽儿以后，孟德尔用所有的业余时间把种子挑选出来，并分成了不同的类别，然后计数。接着，他再把种子种到地里，种子发芽以后，再数一遍看有多少棵豌豆苗是高的，多少棵豌豆苗是矮的；多少豌豆的种子是起皱的，多少是光滑的。然后他用刷子，对所有的花再进行一次异花授粉。

孟德尔是一位有使命感的修道士，他决心无论用多长时间，都要找出生物特征遗传的原因。

经过许多许多年枯燥、乏味的钻研，终于有一天，孟德尔脑子里突然跳出一个闪光的想法（用了这么久的时间）。

他发现，豌豆的每个特征都是根据一成不变的、惊人的数学规律在一种小粒中传递的。如果想事先知道下一代是什么样子，只需看清每个父母的特点，并记住某些简单的规则。

孟德尔的黄金定律

1. 不同的特征，如植物花朵的颜色、人的鼻子的大小、膝盖的形状等，是通过父母体内细胞中的某种看不见的颗粒遗传给后代的。

2. 每个颗粒都含有形成某一个特征的特殊指令。

3. 颗粒成对地出现，两个颗粒分别来自父亲和母亲。

4. 颗粒以两种形式存在：一种是显性的，也就是说它们的作用总能表现出来；另一种是隐性的，也就是说隐性颗粒的功效可能被显性颗粒所掩盖。但假如两颗隐性颗粒成对出现，那么它们的特征就能在携带它们的动物或植物中显现出来，就像这样：

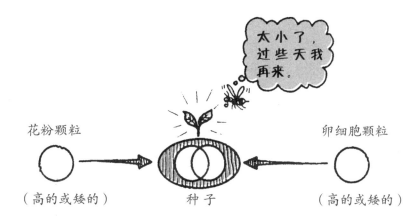

太小了，过些天我再来。

花粉颗粒　　　　　　　　　　　　　　　　卵细胞颗粒

（高的或矮的）　　　　　　种子　　　　　　（高的或矮的）

在这个例子中，记住这些规则："高"颗粒是显性的，"矮"颗粒是隐性的。

因此……

"高"颗粒与"高"颗粒配成一对，产生的植物就高。

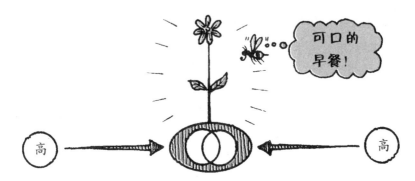

"高"颗粒与"矮"颗粒配成一对，产生的植物也高（"矮"颗粒是隐性的，所以，它的作用被"高"颗粒所掩盖）。

"矮"颗粒与"矮"颗粒配成一对，长出的植物就矮。

惊人的事实

▶ 今天，我们把孟德尔所说的颗粒称为"基因"，所有生物的每种特征都是由基因控制的，这些基因由父母遗传给子女，就如同你体内细胞中的一套指令。

▶ 就连细菌那样极其微小、单一的有机体也是由一万多个基因控制的。而形成像人类这样复杂的有机体，则需要大约10万个基因构成一套完整的指令。

▶ 当基因发生变化时便产生突变。基因突变是大自然略微改变指令的一种方式，这种改变会创造出新的机体来适应。

孟德尔的发现开辟了科学的新领域——遗传学，由此出现了一群新科学家——遗传学家。

但是，遗传学家不能全身心投入到基因研究中，因为他们不知道基因到底在什么地方。20世纪初，遗传学家绞尽脑汁，试图找到这些烦人的颗粒。很快，他们就吃惊地发现，他们观察这些基因已经用了许多年的时间了。

但实际上这并不那么简单。即使用高倍显微镜，人们也不可能看到单个的基因，因为它实在太小了。如果是成千上万个基因聚集在一块儿，你就能看到了，这个地方就在细胞内部。

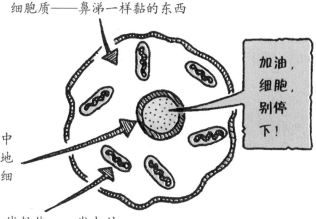

细胞质——鼻涕一样黏的东西

加油，细胞，别停下！

细胞核——信息中心，基因所在的地方，它不停地向细胞发送命令

线粒体——发电站，把食物转化为能量

细胞的7大特征

1. 昆虫、植物、动物、细菌等，从蚂蚁到大象，所有的生物都由细胞构成。

2. 细胞极其微小，如果把40个普通大小的植物细胞排成队，也不过只有一个针尖那么大。

3. 假如人类的细胞和植物的细胞是一样的，我们就会是绿色的！每株植物都含有特殊的叶绿体，能把光、水和二氧化碳变成养料。

4. 今天早上你吃香喷喷的煎鸡蛋了吗？其实，你吃的就是一只巨大的油煎细胞！鸟蛋比较特殊，它由单细胞构成，外面包着一层硬壳，使它在鸟体外能够继续生存。

5. 一枚鸵鸟蛋的重量大约是1.5千克，是世界上"最大的细胞"的世界纪录保持者。

6. 如果你脱掉衣服，你会看到你的皮肤外面的所有细胞已经死亡，而且在不停地脱落。不过皮下细胞在不断地分裂组合，形成新的细胞。如果你知道这一点，就会松口气了。大约每隔6周你就会换一层漂亮的新皮肤！

7. 老师衣领上的头皮屑就是由死细胞构成的。这些细胞活着时，里面的基因囊括了所有信息，可以再复制出来一个一模一样的老师。

神奇的染色体

在孟德尔生活的年代，科学家已经有十分精密的显微镜仪器，能够清楚地显示出细胞核。有时，在细胞核内能够看到像虫子一样长长的东西，科学家们称这些长条子为染色体。与细胞比起来，染色体看上去还有一点儿颜色。

染色体神通广大：

1. 基因全都在染色体内，就像一段段连接在一起的香肠。

2. 在大部分时间里，染色体呈现一种成双成对的游离状态。在不同的动植物体内，染色体的数量不同。

你的染色体有46个（23对）。

苍蝇的染色体只有12个（6对）。

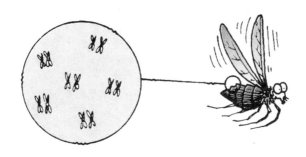

赤莲属植物蕨类的染色体为1260个（630对），保持着最高纪录，令人难以置信，谁都不知道它们为什么需要这么多染色体！

3. 细胞在皮肤生长的时候，不断分裂，细胞内的染色体也发生着奇怪的变化，而且也在分裂。于是每个新细胞都携带着一套完整的指令，告诉你的细胞它所有需要知道的信息。

4. 女性的卵细胞和男性的精子细胞都有23个染色体，当卵子和精子结合生成胎儿时，两组染色体随之形成了一组完整的46个染色体，在这46个染色体中，一半来自母亲，另一半来自父亲。

5. 这就是说，你体内的基因一半来自妈妈，一半来自爸爸。每个卵子或精子内的基因以及染色体组合都略微有些不同，谁也不知道，哪个卵子会和哪个精子结合，形成新生命。所以，假如你没有孪生的兄弟姐妹，那么世界上是不会有一个人会和你长得一模一样的。

遗传学历史片段

最近，科学家对基因有了更新的认识，比孟德尔的发现丰富得多。他们甚至掌握了基因的组成，真该感谢瓦特森。

科学家画廊

詹姆斯·戴韦·瓦特森（1928— ）　国籍：美国

　　瓦特森生长在美国芝加哥，年轻时就已经表现出非凡的才能，年仅15岁就上了芝加哥大学！

　　他和他的同事弗兰西斯·克里克发现DNA时，他才25岁（而多数被称为科学家的人都老得不成样子）。

弗兰西斯·克里克（1916— ）　国籍：英国

　　克里克小时候，父母给他买了一本《儿童百科全书》，小克里克读完这本书，就决心要当一名科学家。他总担心等自己长大后，一切未知的事物都已被发现，让他无事可做。他哪里知道，他会和瓦特森一起研究，并提出了一项最伟大的发现——DNA的结构。

　　瓦特森和克里克一起在剑桥大学共事。几年里，瓦特森花费了大量时间绘制出一张基因图，提供了有关人体结构的大量信息；而克里克则埋头研究人类大脑的工作机理。然而他们两个人最杰出的发现还是DNA的结构——这种35亿年前第一次出现在远古海洋中的神奇生命分子。

　　由于这个发现，他们赢得了诺贝尔奖。

可怕的构想……

35亿年前，存在于第一个细菌体内的DNA，今天仍存活在我们体内，不过形式已经发生了突变，它先后存活在黏性寄生虫、巨海蝎和翼手龙类动物体内，最后到了我们人体内。从始至终，DNA一直在发生变化，建造不同的机体适应，以便安全地过渡到下一代。地球上所有的动物都是由DNA分子构成的，而在体内保存原始DNA的动物中，我们人类是进化最晚的。

这也就是说，其实我们是携带这种神奇分子的奴隶，生命的演化过程就是由DNA分子构成的基因安全存活的过程。

英国科学家理查德·道金斯教授（1941— ）对DNA分子有着自己的想法，他称之为"自私的基因"理论。

基因遗传到今天，是谁或者是什么在此进程中被伤害都无所谓，基因不在乎受苦，因为它们什么都不在乎。

道金斯教授指出，所有的动植物都只不过是这种分子的奴隶，无一例外。我们生存的目的就是确保由DNA分子组成的各种基因可以存活下来。自然也有一些科学家不同意他的理论。

　　达尔文的进化理论使科学家们发现，进化是由基因变化引起的，因此，身体的优秀部分能够世代相传。但这还不能回答全部问题，如果某一物种能够进化成新的物种，那就意味着科学家要被迫解答一个新的可怕的难题——新的物种从什么时候开始，到什么时候结束呢？

物种探秘

达尔文的理论都是研究旧物种如何演变成新物种的。那么，到底什么是物种呢？你会后悔问这样的问题。

一般来说，如果你问两位科学家同样的问题，你至少会得到3个不同的答案，而且这还是在你运气好的时候！

要是你运气不好，他们还会用反问的方式回答你的问题。

同样，如果同一个问题你问一位科学家两遍，你可能会得到两个不同的答案。

科学家就是这样，此一时彼一时，总是在寻找下结论的最后的证据，他们的观点在不断改变。对这一点你得有心理准备，因为他们每时每刻都在发现新事物、新情况。

为什么你必须要知道物种是什么呢？因为下面的内容非常麻烦。

麻烦在于，即使是今天，科学家对于究竟怎样描述一个物种仍然各执一词，这对解释物种的演化过程有些不便。

你糊涂了吧！他们也一样，乱作一团，但是他们正想办法厘清思路。

你能辨认物种吗？

小菜一碟!

别开玩笑了!

你也许以为，只要近距离观察，你就能辨认出绝大多数物种。当然，通过叶子的形状、花朵的颜色，你可以辨认许多野花。

根据蛇身上的花纹，你还可以辨认蛇的不同种类。

按照形状、大小和颜色，甚至游水的姿势，你还可以辨别鱼的种类。

这是很方便的。如果有什么人看不出家猫和非洲豹有什么区别，那么这个世界对他们可太危险了。如果你也看不出它们的区别，下次碰到猫，你就得小心了。

但是（现在也许你也想到了，"但是"是科学家最爱用的词），如果你能认定两个物种不能共同繁殖后代，那么它们肯定是不同的物种，这是唯一可靠的办法。

一个难题是，很奇怪，很多物种看上去完全不一样，可其实，它们之间却能互相交配……

比如，家猫和凶猛的苏格兰野猫，它们可以互相交配，生出来的小猫咪具有两种猫的特点——它们会咬掉你的手指，然后高兴得"喵喵"直叫。

对研究进化的科学家来说，像这类能够互相交配的动物，才是真正的难题，因为他们不清楚哪个物种什么时候灭绝，新的物种什么时候开始。再举一个例子，来看看北美红鸭和它的西班牙亲戚白头鸭之间的闹剧……

北美红鸭暴跳如雷

白头鸭已经有上万年没和它们的亲戚红鸭见面了，所以，这是快乐的一天，彼得·斯考特使它们再次相见了。彼得把从美国带来的红鸭饲养在英国的一个鸟类保护区。

暴躁的北美红鸭

红鸭很快被安顿好，不久，细小的红脚掌就亲热地走到了一起，这意味着它们将生活在这里。有的红鸭甚至喜欢在欣赏完欧洲风光之后，再飞到西班牙，飞到它们的亲戚白头鸭居住的地方。

尴尬

可不久以后，情况开始有些不妙。如果彼得·斯考特还活着的话，他一定会为他的红鸭闯的祸而面红耳赤。不幸的是，红鸭好像认为自己是属于白头鸭科的，它们表面看来并不一样，但是，当白头鸭和红鸭结合时，生出的鸭子都是小红鸭，居然没有一只是白头鸭！这样看来，最后一只白头鸭不久就会消失了！

红鸭的厄运

白头鸭越来越少了，如今的鸟类专家们一心要捉到红鸭——他们已准备好了猎枪。看来，我们得和红鸭说再见了，也许它们一看到猎手靠近，便会一头钻进水里。

虽然红鸭和白头鸭看上去不一样，但它们并非是真正意义上的两个不同物种，它们属于同一个物种，只是在进化过程中分成了两类，并没有完全分开。这又恰恰证明，老达尔文是完全正确的，物种不是一次创造完成的。它们从来就没有停留在一种状态上，而总是随着时间的推移发生变化，一次只变一点点。红鸭同白头鸭繁殖出的小鸭子长大后像红鸭，而且这种红鸭又可能和不明真相的父母结合繁殖下一代，生物学家称之为"杂种"。

知道了这些，你又要问了："什么是物种？"任何一位科学家都会说，物种是：

a）一群相似的生命群体。

b）一群不能和其他任何生命群体杂交的生命群体。

答案有两个，你有什么感想？这就是科学！科学思想也像生命一样不断地在进化。

考考你的老师

看看你的老师能不能指出下列哪一个真的是可怕的杂交动物？

a）虎狮的母亲是狮子，父亲是老虎。

b）斑马和驴交配会生出斑驴。

c）像狗一样的猫鱼是"猫鱼"（鲇）和"狗鱼"（角鲨）杂交生出来的。

a）对。

b）对。

c）荒唐可笑。

杂交物种给千方百计解释演变过程的科学家提出了可怕的难题。当一个物种进化成另一个物种时，新的物种就产生了。可要是新物种不断同旧物种杂交，新物种又怎么成立呢？旧物种和新物种必须以某种方式彻底地分开，这真是个伤脑筋的问题。其实，这个问题从达尔文时代起就让许多人伤透了脑筋。可喜的是，对一个物种怎样分开变成两个物种，科学家已经提出了一种解释，那就像英国人和美国人用不同方式说同一种语言。

400年前，当英国人乘坐第一艘小船驶往美洲大陆时，所有的人都说同一种英语。

后来，美国人和英国人对同一事物，演变出了不同的表达方式。

当然了，英美两国人并未分化成两个不同的人种，可仔细想一想，动物分开数百万年以后，重新相遇会是什么样子呢？它们都听不懂对方的吱吱声、咯咯声以及吼叫声是什么意思，所以，它们互不理睬，它们的举止就像不同的物种。

在自然界中，各种各样的障碍能够分割一个物种，使之分化成不同的生物群体，并各自开始不同的进化过程，它们可能被下面各种因素隔离开：

▶ 河流、地震或火山喷发。

▶ 山脉。

▶ 陆地下沉，动物被困在岛上。

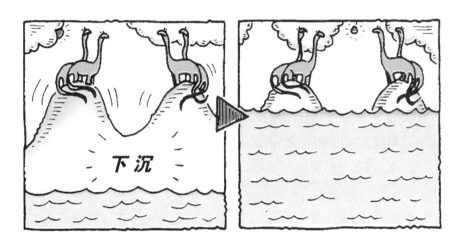

▶ 陆桥断裂。亚洲冰雪覆盖的西伯利亚，过去曾由陆桥与美洲的北极地区的阿拉斯加衔接在一起，而现在陆桥已沉入海底。从前，只有一种熊在两块大陆上漫步，而今这种熊已经进化成了两种熊：北美大灰熊和亚洲黑熊，因为它们被大海隔开了。

▶ 陆地上升，把海洋生物分隔在不同的海域。

有时有的动物还会被抛弃，它们被带到海洋中，搁浅在一个个岛上，你还记得那些加拉巴哥群岛巨龟和在加拉巴哥群岛发现的达尔文雀鸟吗？

考考你的老师

看看老师能不能找到这个远古问题的答案。

中龙类是一种生活在大约3亿年前的爬行动物，它们绝大部分时间都在淡水的环礁湖内游泳、晒太阳。

现在它们已经灭绝了，只能在非洲和南美洲的煤矿深处找到它们的化石。

所以，怎么可能在两块不同的大陆上找到完全一样的中龙化石呢？这两块大陆中间隔着浩瀚的海洋咸水。

1. 它们在大西洋来回游动，所以，同一个物种栖息在两块大陆上。

2. 它们在圆木上漂浮过海。

3. 它们走过一段沉入水下的陆桥。

4. 仅仅是一种巧合，在两块大陆上，两种相同的中龙同时在分别进化。

5. 3亿年前，中龙生活在地球上的时候，南美洲和非洲是连在一起的。很久以后，两个板块断裂分开，所以在每个大陆上都残留着中龙的化石。

答案

1. 不可能，因为它们讨厌咸水。
2. 你能在圆木上平稳地漂到大洋彼岸吗？
3. 经科学家探查，没有发现陆桥的任何迹象。
4. 那也太巧了。
5. 正是这样，阿尔弗莱德·罗瑟·韦格纳可以证明这一点。

科学家画廊

阿尔弗莱德·罗瑟·韦格纳（1880—1930）国籍：德国

韦格纳的一生多姿多彩。从海德堡大学毕业后，目光敏锐的韦格纳当了一名天文学家。随后他又开始热衷于气球飞行。为了测试科学仪器的性能，他曾打破52小时的气球飞行纪录。他不断进行探险，作为北极探险者，他长途跋涉，走进了冰天雪地的格陵兰荒野。有一次，在远涉途中，冰面在他的脚下突然断裂，他险些落难。乘气球飞行和在冰川上行进，使韦格纳见识了各种各样的天气，所以，他最终成了气象学的教授。气象学是专门研究天气的一门科学。

就在这时，他突发奇想，断定大陆在我们的脚下是移动的，尽管

速度不快，但确实是实实在在地移动着。这的确是显而易见的。

观看地图时，他发现南美洲和非洲曾经是连在一起的。

你只要看看这两块大陆的地形，就同意我的判断是正确的。南美洲的东海岸和非洲的西海岸可以完整地拼合起来，它们是后来才断裂漂移分开的。

韦格纳把他的理论称为"大陆漂移说"。

由于地核变得炙热，所有的岩石都被熔化成了火红的岩浆，当这些大量的岩浆冲破坚硬的地壳时，就形成了火山。

在熔化状态的地核上，整块大陆都漂浮不定，它分裂时就形成了不同的大陆，漂到一起时，就形成了一个新大陆。

哗众取宠！　胡说八道！

废话！　胡说！

1930年，韦格纳又一次到格陵兰岛探险。不幸的是，这一次他一去不回，没能亲眼看到他的理论得到证实。现代地质学家已证实，大陆确实已缓慢漂移了上亿年，这是毫无疑问的。

你能不能亲自做个试验，看看大陆是怎样漂移的？

因为大陆漂移速度实在太慢，甚至比生物进化还慢，所以很难看出它在移动。但是我们可以做个试验，来了解一下大陆漂移是怎么回事，这不需要漫长的等待就能看到结果。

你需要准备：

▶ 一大碗黏稠的热牛奶蛋糊

▶ 两块胶片

▶ 三种口味的土豆片（奶油葱味、咸酸口味及海鲜味）

▶ 一个小重物（比如钥匙）

你只需这样做：

1. 把两块胶片放入奶糊上，再把土豆片放在胶片上，如图所示：

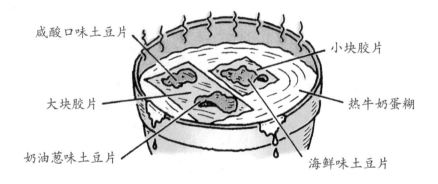

2. 现在你已创造了一个奇特的"奶糊"行星。看，三块"大陆"在奶糊"海洋"上漂移，"大陆"分别在两个胶片的"板块"上。

3. 在咸酸口味土豆片和奶油葱味土豆片之间找一个点，把钥匙放在胶片上，于是胶片开始向奶糊中心往下沉。

现 在：

▶ 太好了！两块土豆片靠得越来越近，最后，土豆片因为胶片下沉碰到了一起！

▶ 好奇怪！你看到奶油葱味土豆片和海鲜味土豆片离得越来越远，简直不可思议！

▶ 真刺激！你看到的奶糊，由于空气变冷，在奶油葱味土豆片和海鲜味土豆片之间变成了固体，在胶片"大陆"边缘变成了新的硬的表皮！

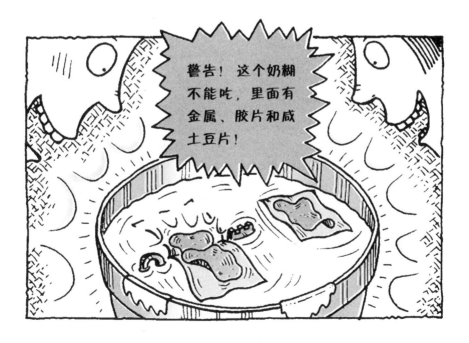

大陆漂移

地球上的大陆漂移和奶糊试验的"大陆漂移"大体相同。非洲大陆、南美洲大陆和澳洲大陆都是漂浮在地球液态地核上的岩石板块。

现在

← 地壳上升

液态
地核

板块

我很好！

海洋

← 大陆之间的海沟加宽

现在

← 地壳下沉

快跑啊！

大陆之间出现裂缝

山脉是板块相撞的结果。陆地在板块互相撞击时上升，形成山脉。

几千万年前，印度板块与亚洲板块相撞

喜马拉雅山

印度板块

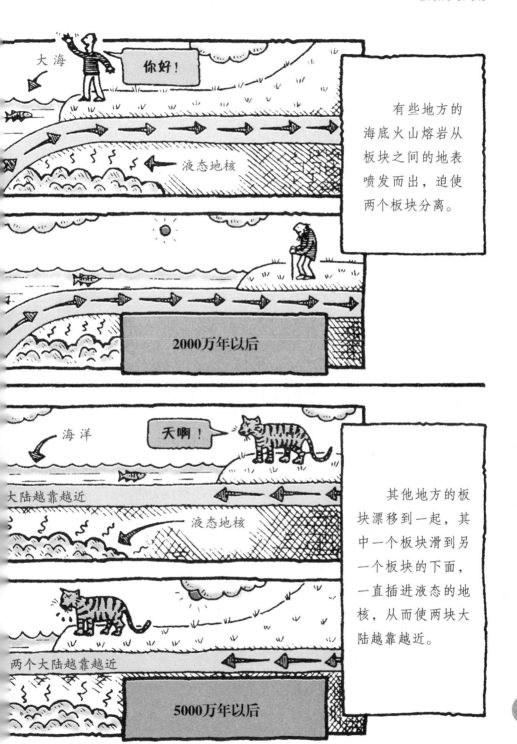

考考你的老师

非洲和南美洲板块现在仍在漂移，离得越来越远，它们漂移的速度是多少？

a）每年3.2千米

b）每年32千米

c）每年3米

d）每年大约5厘米

答案

d），非洲和南美洲分离的速度和你的指甲生长的速度差不多。

那么这与物种的形成又有什么关系呢？是的，两块大陆分开后，同一物种的动物被隔离在不同的大陆上，于是每一群体便开始了略有不同的演化过程，原因如下：

▶ 非洲有大象、长颈鹿和狮子，而南美洲却没有；同样在非洲也找不到南美洲的美洲驼和美洲虎。这些动物都是在大陆分开以后，在现在的居住地演化而成的，大西洋从中间隔开了两块大陆。

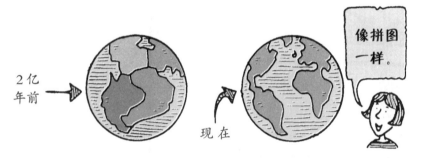

▶ 在南美洲、澳洲和南极洲的古老岩石中，有相同的动植物化石，这说明这三块大陆曾经是连在一起的。现在，它们已经被大海分开。

▶ 早期的探险者曾在山顶发现过海洋生物的化石，这些岩石是在海底形成的。这是因为海洋生物在海底的淤泥中变成了化石，后来两块大陆相撞，迫使地壳像起皱的地毯一样隆起，海底被挤出海面，形成了山脉。

▶ 在英国，你会发现有些化石是珊瑚的残骸，珊瑚原本生活在温暖的热带海洋中。几千万年前，不列颠岛开始离开赤道慢慢向北方漂移，一直漂向北极。今天，在英国附近的海域，因为水太凉，珊瑚根本无法存活。所以，这些珊瑚化石只能说明，不列颠岛周围曾经是热带海洋。

新物种就是这样形成的：动物群体被分开后，演化成新的物种。

新物种形成以后，旧物种常常会灭绝，要不是其中一些变成了石头，我们根本不会知道它们曾经存在过。

迷人的化 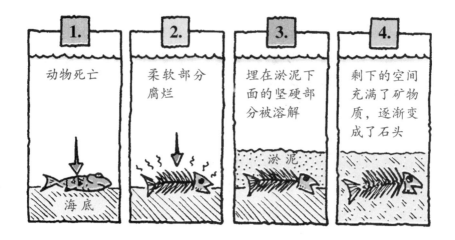 石

今天，人们对进化问题的争论仍然莫衷一是。如同所有的科学思想一样，达尔文的进化论征服了很多人，不过它曾一度只是绝妙的理论，需要有足够的证据来支持。这和大陆漂移理论有同样的遭遇！达尔文死后，全球的科学家都在努力寻找地球生命史的发展轨迹。

科学家十分了解恐龙及其他已灭绝的动物，因为它们的遗骸埋在地下，变成化石保存了下来。你一定听说过恐龙，也许你还读过不少关于恐龙的故事。可是你知道吗？很久很久以前，还有各种其他奇怪的动物在地球上四处爬行，科学家们就是通过化石才把它们生存过的证据一点一滴拼凑起来的。

奇异的化石证据

1. 远古动物死后，常常被埋在层层淤泥中，水生动物更是如此。它们身体中柔软的部分很快腐烂掉，但是埋在淤泥里的坚硬部分，如牙齿、爪子和骨骼却在漫长的岁月里渐渐变成了化石。

2. "化石"这个词是从拉丁词"fossilis"演化而来的，意思是"挖掘"。

3. 人类最初发现化石的时候，还无法确认他们发现了什么。一种理论是，这种不像地球上任何物种的奇怪东西只能来自一个地方——地狱！他们深信，这些化石是魔鬼和龙的身体的一部分。从那以后，科学不断证明，这些神秘怪兽的肢体碎片，实际上是一度生存在地球上的动物变成的化石。

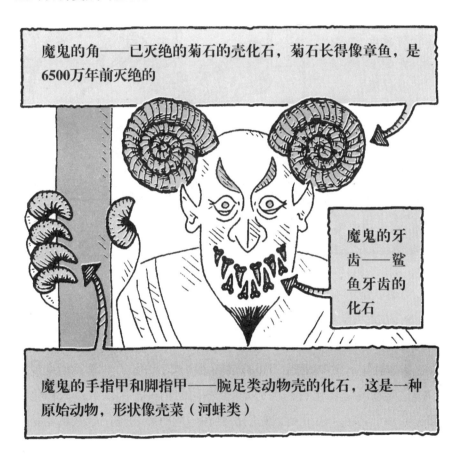

魔鬼的角——已灭绝的菊石的壳化石，菊石长得像章鱼，是6500万年前灭绝的

魔鬼的牙齿——鲨鱼牙齿的化石

魔鬼的手指甲和脚指甲——腕足类动物壳的化石，这是一种原始动物，形状像壳菜（河蚌类）

4. 箭石是子弹形的化石，现在我们已知道，它们是一种已灭绝的动物（形状像鱿鱼）的坚硬部分。当人们第一次发现它时，还以为是上帝抛到地球上的霹雳变成的东西。

5. 研究化石的人被称为古生物学家，他们用发掘出的骨化石重新组装起古代动物的骨架。偶尔，他们能幸运地发现一具完整的骨架，但通常只能找到几块散落的骨头。重新组建化石骨架有点儿像玩巨大的拼图玩具，假如只有一袋子骨头，重组工作很艰难，会把人搞晕的。古生物学家试了一次又一次，才把霸王龙拼装起来，结果仍有些人置疑，这样拼是否正确。

当然，他们有时也犯错误：

▶ 古生物学家给一些树木化石起了不同的学名，因为他们没有意识到这些化石属于同一种树木的不同部分。

▶ 同样，一些动物化石也被混在了一起。开始，科学家们发现了3种5亿年前的奇怪化石，以为是3个不同的物种，所以给每一种化石都起了一个名字。但最后把它们拼接在一起时才发现，原来这竟是一种奇怪的海底食肉动物，名叫畸心蛤。这种动物生活在大约5亿年前的海底。

令人震惊的重建

几次实践之后，古生物学家成为重建化石动物的行家里手，有些消失已久的动物原来是令人心惊胆战的食肉动物……

名　称：广翅鲎——巨型水蝎

大　小：与短吻鳄长度相近。

生活年代：4.3亿年前。

最可怕的特征：凶猛残忍。

所以，如果海里有广翅鲎，在海边戏水是极其危险的。

名　称：营穴鸟——凶猛的鸟

大　小：身高两米多，不会飞，在欧洲及北美大草原大摇大摆地四处游荡。

生活年代：4000万年前。

最可怕的特征：可能是以马为食（那个时候，马的个体还比较小，像狗一样大），锐利的钩形嘴像巨大的罐头起子，能把你一分为二！

名　称：美洲剑齿虎——一种长着锐利的长犬牙的老虎

大　小：比今天的老虎稍大。

生活年代：16 000年前。

最可怕的特征：埋伏在灌木丛里，袭击走过来的所有动物。遇到美洲剑齿虎可不是件好玩的事，它名字的意思是"刀子牙"，因为它一笑就会露出两颗可怕的巨大的牙齿，像利剑一样长，十分危险。

石化粪便

对专门研究进化的科学家来说，没有什么比一堆排泄物化石更令他们着迷了。其实，"排泄物"是科学术语，只不过比说"一堆粪便"要好听些。

幸好没有多少动物能全部消化掉吃进去的东西，常常会有一些有趣的食物残余物留在它们的粪便里。如果这团排泄物在合适的环境里，比如在沼泽地，由于没有细菌生存所需的氧气，细菌就不能把排泄物吃掉，于是，粪团就保存了下来，变成了化石。

有很多一堆一堆的恐龙粪就这样变成了坚硬的岩石，那里面有各种有趣的植物碎片。这种古老动物的最后一餐，经过几千万年之后，仍能让科学家通过石化的粪便考察出它吃了什么。

这些化石排泄物被科学家称为"粪化石",有些粪化石历史非常久远,令人难以置信。其中有一项发现可追溯到4亿多年前的志留纪时期,这粒粪化石像老鼠粪便那么大,可能是类似于巨大的千足虫的一种动物的排泄物,这种动物是从海洋爬到陆地上生活的首批动物之一。

科学家怎样处理恐龙粪便

这需要4个非常细心的步骤:

1. 首先找到一堆粪便。他们要瞪大双眼,才能找到千足虫的粪便——这是一项非常专业化的工作——但是大堆恐龙的排泄物是不容易被错过的,有时它们就在恐龙骨化石的旁边。

2. 现在,他们把粪便放在非常刺鼻的氢氟酸里。除了被称为角质的坚硬的植物的外壳,氢氟酸几乎能溶化所有的物质:石头、金属,甚至学生餐等任何物质。

3. 然后再把植物沉淀物分类筛选出来。

4. 最后，在显微镜下仔细观察，他们想把恐龙最后一餐的剩余物看个明白。从4亿年前的千足虫粪便中，科学家发现：

▶ 史前植物与现代植物完全不一样，因为那时的树叶残片与现在的都不同。

▶ 这些古代植物不是从大种子长成的，而是从尘粒一样微小的孢子长成的。

你肯定不知道！

在环球旅行途中，达尔文收集了大量动植物的化石。他最杰出的发现是巨型南美地懒的骨架化石，这种动物的样子有点儿像长过头的熊。如果大地懒没有绝种，仅靠用后腿站立，它就能从现在二楼卧室的窗户向屋里窥视，不过你别担心，它只吃树叶。

达尔文认定，今天生活在南美原始森林，个子相当于10岁孩子的树懒，和这些已经灭绝的大怪物有亲戚关系。

奇妙的恐龙蛋

有时，古生物学家找到一块真正有价值的化石，常常会把它拿到当地医院，用一台CAT扫描仪，看看里面到底有什么东西。CAT扫描仪是一种医疗仪器，通过它医生能检查病人身体内部的情况，而古生物学家也可以用它观察岩石块内部的情况，这块岩石里可能会有一块重要的化石。

古生物学家常常挖掘出令人震惊的化石。在地球上的某些地区，很容易发现恐龙蛋，把它们进行扫描，有时甚至能观察到蛋里的小恐龙的骨骼。

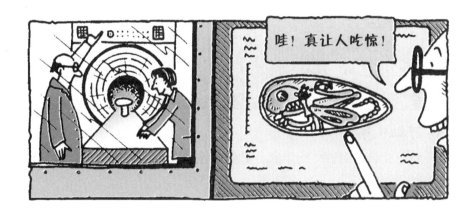

最近，科学家发现一只坐在巢上的窃蛋龙化石，这是1995年在蒙古戈壁滩上发现的。人们一直认为，窃蛋龙是个贼，偷吃其他恐龙的蛋，因为在恐龙巢穴周围经常发现它们的身影。后来，科学家才断定，这只不幸的恐龙一定是坐在自己的巢穴上保护自己的蛋，就像今天的鸵鸟一样，然而后来，它被沙暴埋没了。

恐龙一向以极其凶猛而臭名昭著，可是这只窃蛋龙却是个女英雄，为了保护小宝宝而遭受活埋的厄运。

你能成为古生物学家吗?

你需要：

▶ 一把锤子

▶ 一副防护镜

▶ 十分的耐心

仔细观察：

要想成为一名古生物学家，你最好先学会辨认有化石的岩石，就像这样：

火 成 岩

形成原因：火山喷发出的熔岩。

发现化石的可能性：通常没有，熔岩会使化石熔化。

使恐龙粪便燃烧

喷发

典型岩石种类：花岗岩

沉积岩

形成原因：沙粒、泥浆或者海洋微生物骨架覆盖着动植物的尸体，然后一起逐渐变成岩石。

发现化石的可能性：到处都有化石。

典型岩石种类：沙岩、石灰岩和白垩。

变质岩

形成原因：由于火山活动，火成岩或沉积岩被超高温加热，结果变成各种不同的岩石。

发现化石的可能性：变质岩含有一些化石，但通常被热量烧尽。

典型岩石种类：大理石，是石灰岩加热加压形成的。

所以，你最好是到沉积岩中去搜索一下，当你把经过很长时间才形成的岩石一层一层凿掉的时候，没准真能发现以前困在里面的动植物呢！这有点儿像进行一次逆时旅行，可能你会精疲力竭的，找到任何让人兴奋的东西都有可能需要几小时、几天、几个月，甚至几年的时间。但如果你真是十分走运的话，很可能会遇到一个化石层的……

化石层是这样形成的：古代动植物的遗体被河流或海洋的急流冲击到一起，在巨大岩石块中聚拢成化石群。因此很有希望一次找到上千件化石。

该做的事情：

如果你真的发现了一块化石，应该用锤子在化石边缘小心翼翼地敲打。

紧急安全提示！

1. 戴上防护镜，小心飞崩的石块伤到你的眼睛。
2. 别在危险的岩石或悬崖下工作。

一只手的化石……它在向我们招手呢！

如果你觉得凿石头太枯燥，那可以仿制一些化石。

仿制化石

下面有几种简便易行的方法，可以仿制一些熟悉的物体，比如你爸爸的拖鞋。根据你准备花多少时间，来从下列方法中选择一种。

要想马上出结果，你可以：

▶ 让拖鞋牢牢冻住。西伯利亚的猛犸（一种绝种的古代长毛象）就是这样成为化石的。最后一次冰期开始时，它们被冻死，至今已完好地保存了上万年。有些猛犸保护得非常完美，以致一位日本科学家竟然想用冷冻细胞的方法再造出幼猛犸，此时此刻他正忙于寻找合适的猛犸化石。

如果你并不着急，就可以：

▶ 找一个洞顶滴水的石灰岩岩洞，把你爸爸的拖鞋挂在洞顶，水滴中充满了溶解的石灰，水滴会浸到拖鞋里，最后像水泥一样凝固起来。几年以后你取回拖鞋，就能送给爸爸一双"化石鞋"做生日礼物了。

最完美的结果：

▶ 用琥珀树脂把拖鞋包住。树脂是从松树里渗出的金色发黏的液体，变干以后，它就变成透明的黄色石头。

不过不要急于马上出结果，琥珀树脂首先要过上万年才能变成化石。过去，在琥珀树脂里面发现过一些漂亮的昆虫化石，不过让一双拖鞋变成化石可需要很多很多的琥珀。

侏罗纪时期琥珀里的蜘蛛化石，发现于美国新墨西哥州

战后鲍伯·阿克赖特的拖鞋，发现于格林斯比（英格兰东部的海港）

一个脏一点的方法是：

▶ 把拖鞋浸泡在厚厚的柏油里。在加利弗尼亚洲洛杉矶附近的兰科·拉·布里有这样一个柏油坑，黏稠的柏油从地下咕嘟咕嘟地往上冒。在这样的柏油坑里，已经发现了各种各样保存完好的动物化石，甚至有上万年前落入坑中的动物。如果剑齿虎都在这里变成了化石，那你爸爸的拖鞋也一定能变成精美的拖鞋化石。

1万年以前

上星期二

真正有气魄的做法是：

▶ 找一座正在喷发的火山，把拖鞋放在山下。如果拖鞋被埋在火山灰里，就会变成石头。公元79年，意大利的维苏威火山爆发时，罗马的庞贝城被火山灰完全湮没了。当考古学家把古城挖掘出来时，他们发现上千人的尸体（还有拖鞋）都被埋在下面变成了石头。

她刚把他的拖鞋取来，火山就爆发了。

最后，各种海洋生物变成化石的好办法也同样适用于你爸爸的拖鞋。

▶ 把拖鞋扔到海里。拖鞋下沉后，就会渐渐被淤泥覆盖，经过几百万年，它们就会变成化石。到那个时候，那些可怜的古生物学家将会花几小时、几天、几个月……甚至几年的时间，再次把你爸爸的拖鞋凿出来。

快点儿凿，爸爸的脚都凉了！

你肯定不知道！

可笑的是，有人认为化石是珍贵的收藏品，他们愿意耗费上万英镑购买轰动一时的化石标本。目前化石价格的世界纪录是760万美元。1997年，美国的一家博物馆出巨资，买下了迄今为止最完美的霸王龙化石标本。

不足为奇，为了赚到这样一大笔钱，有些人不惜付出任何代价要亲自搞到最好的化石。1996年，澳大利亚的小偷甚至把世界上仅存的一组剑龙的脚印化石从坚硬的岩石山上切割下来并盗走。还有的人专门干起了仿造化石的行当，因为这样可以赚到大钱。如果你正好有一双剑龙拖鞋要出售，那你肯定会发大财的！等一等，你最好仿造两双拖鞋，因为剑龙有四条腿。

活化石

有些化石还活着。（你已经知道了，是吧？看看你身边个别的老师就清楚了。）

一些至今仍健在的动植物和很久以前变为化石的古代亲戚一模一样，古生物学家称它们为"活化石"。

这是一项伟大的发现，由于自然灾害，曾和它们一起生活的大多数古代生物都已经灭绝了，而它们竟以某种方式奇迹般地幸存下来。

多数化石只能让人了解到动物身体上坚硬的部分，如贝壳、骨骼以及牙齿的样子，而其他柔软的部分，如血液和内脏、皮肤和毛皮等，都已腐烂，没有变成化石。活化石让我们看到了那些缺损部分的形状，如果把大小肠、肌肉、大脑以及其他易溶解的血质部分恢复成原状，就可以想象出其他部分的化石形状。

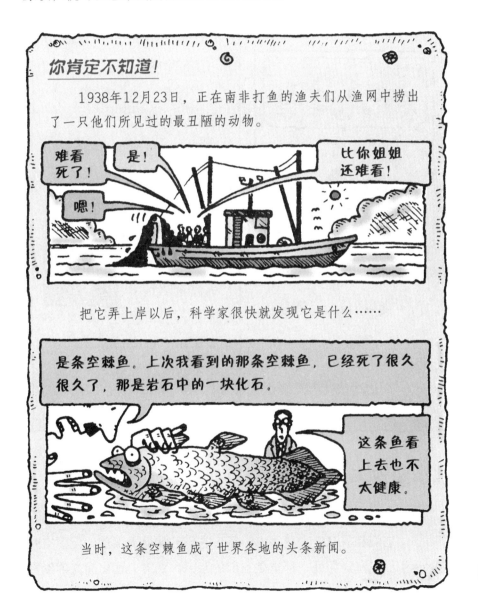

你肯定不知道!

1938年12月23日，正在南非打鱼的渔夫们从渔网中捞出了一只他们所见过的最丑陋的动物。

把它弄上岸以后，科学家很快就发现它是什么……

当时，这条空棘鱼成了世界各地的头条新闻。

开普顿编年史

1938年12月23日

惊世发现!

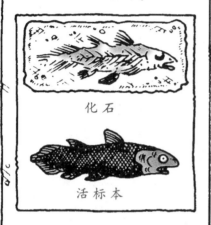

化 石

活标本

欣喜若狂的科学家把今天发现的这条空棘鱼称为"活化石",本世纪之新发现。

"4亿年过去了,可它没有一点儿改变。"一位兴奋不已的科学家说,"它的鳍内长着骨头,可以支撑起身体,真是不可思议。大约4亿年前,这种鱼的鳍已演化成腿,所以它们可以在陆地上愚笨地移动。"

西·拉肯思博士*
(鱼类专家)

"这种古怪的鱼好像把我们带回到了远古,它留在深海中,而它的近亲都登上了陆地。"

捕鱼的双手

直到今天,在印度洋里,还有一小群空棘鱼游来游去,但已为数不多了。它们相貌丑陋,更不幸的是,它们的味道却很美。但愿空棘鱼永远生活在海洋深处,那里是它们的家园,愿它们远离渔夫的渔网和捕鱼的双手!

★作者这里开了个玩笑:西·拉肯思就是空棘鱼的音译。

恐龙屁——老师不好意思告诉你的事情

如果你觉得学校的饭菜很难消化的话，就想一想食素的恐龙吧。

1. 它们吃一种叫"苏铁"的植物，这种植物生长至今，成为一种活化石。

2. 苏铁树叶又粗又硬，极难消化，当年恐龙不得不吞下一些石子，来帮助它们磨碎砂囊中像皮革一样坚韧的树叶。

3. 这些砂囊中的石子，即"胃石"，能经常在恐龙骨架的化石中找到。

4. 有些科学家猜测，因为食素恐龙的饮食不易消化，所以它们的体形才如此硕大。它们体内的肠道必须很长很长，才能使富含纤维的植物在肠胃中慢慢变软，最后消化掉。

5. 有一件事情是肯定的，在消化苏铁树叶的过程中要产生大量的气体，因此，恐龙放出的屁像打雷一样的响！

难以置信的事实

活化石近年来不断被发现，最新的一种发现是沃莱米松，它是智利松的近亲（叶子尖锐，连猴子也很难爬上去）。这种树的标本首次于1994年在澳大利亚的深谷中发现，有些"厚颜无耻"的猴子（这里指的是人类）已经把一些沃莱米松挖出来，掐掉了嫩枝。可悲的是，与普通化石一样，活化石也成为许多收藏者非常喜爱的收藏品。

或许还有更多的活化石有待于科学家去发现，谁知道在地球黑暗的角落里会隐藏着什么奇怪的惊人的秘密呢？

物种不可能永远地存在，它们终究会消失，被新物种取代。可能你也注意到了，今天，在你家附近的自然保护区里，看不到恐龙四处漫游的身影，它们只留下了骨骼化石。那么它们怎么会落得这样悲惨的下场呢？

按常规的研究，科学家提出了各种理论，但是现在，他们确认已经找到了恐龙灭绝的答案。这要感谢科学家悉心的探寻工作。

恐龙消失的秘密

恐龙的消失是生物进化中最大的秘密，上千个物种一下子全部灭绝了。之所以这样说，是因为地质学家在岩石中发现的恐龙化石都是6500万年之前形成的，而在此之后却再也没有看到一块恐龙骨头。

恐龙活着的时候，出尽了风头，前后大约1.5亿年的时间里，它们几乎控制了整个地球。最大的食肉恐龙"霸王龙"天下无敌。为什么像这样最凶猛、最自私、最威风的动物竟在6500万年前突然灭绝了呢？

考考你的老师

恐龙为何死去？是因为……

1. 超速飓风突然把尘土卷入空中，遮蔽了太阳，使整个地球骤然变成冬天，这种状态持续了几年，因此，恐龙全部被冻死。

2. 一颗衰亡的星球"超新星"发生爆炸，释放出含有"中微子"的有害粒子阵雨，中微子使恐龙患上致命的癌症。

3. 一颗在太阳系中横冲直撞的小行星与地球相撞，掀起潮汐般的

87

巨浪，引发了地震及大火，使空中充满了烟尘，遮住了阳光，致使恐龙死于寒冷。

4. 印度火山爆发，使大气变得灼热，恐龙体温过热无法生蛋，因此而断绝。

假如我们能回到远古巡游一番，就更容易理解进化，我们能亲眼目睹曾经发生的一切。现在发挥一下想象力，假设你和老师要进行一次时间之旅，一下子被送回决定恐龙命运的最后时刻。

公元前6500万年的一个夏天的黎明，你们身在北美，这里到处都是恐龙，你们站在一片坚硬的苏铁树林边。

在寒冷的夜晚，大多数恐龙都冷得不愿走动，它们打呵欠、大吼大叫，时而放一个震耳欲聋的响屁。这时你很安全，因为要等到太阳把它们晒暖，它们才会开始走动。

不过要小心脚下，这里到处都是恐龙粪便！6500万年以后，它们就会变成粪化石。可现在，它们咔嚓咔嚓作响，而且奇臭无比。

这天早上，恐龙表现得躁动不安。远在东方天边，出现了一道暗黄色的光芒，几分钟后太阳就要升起来了，但所有睁开的眼睛都在注视着南方，看着天空那一天比一天耀眼的红光。几天以前，它还只是个闪亮的斑点，现在它已变得像月亮那么大了。

此时此刻，它像就要在地平线上升起的太阳一样光芒四射，并且如同一个巨大的雷电正向地球劈来，它以每秒9千米的速度冲向地球表面。这颗小行星已在太阳系游荡了几千万年，最后地球的引力终于把它拉向地球。

离你几千公里的南方一道闪电闪过，小行星撞上了地球。当升起的太阳照在恐龙坚硬的外皮时，一切都沉寂下来。

起初似乎什么也没有发生，几分钟后远处便传来了巨大的爆炸声，像惊雷一样震耳欲聋。受惊的恐龙四处逃窜。看！它们正冲向岩石后面隐蔽的地方！它们把所有挡道的东西踩在脚下，踏得粉碎。

大地在摇晃，地震把大地震裂，张着大口的裂隙足以吞下世界上最大的恐龙。到处都是被破坏的恐怖景象，小行星撞击形成了火山口，周围数千平方千米的土地失去了生机；干旱的草地和森林在燃烧，火借风势，风助火威。

在海上，上千米高的巨浪从火山口处翻滚而去，它将吞噬海岛及岛上的一切生命，然后席卷大陆沿岸，淹没途经的一切。

最可怕的是，一股巨大的烟尘蘑菇云已经形成，并上升到了大气层，它正在扩散。到了中午，它就会遮住太阳，使整个世界如同黄昏一般，一直这样持续数十年。植物因缺少阳光而枯萎死亡。如果你是一头体形硕大，以植物为食的恐龙，那就惨了。

现在，你可以松口气了，因为你可以从那个时候回到现在。你提醒老师和你一起回来了吗？我知道如果把老师留在那里是很诱人的想法，可是……

因此答案是3，与小行星相撞。这是大多数科学家都认同的答案。那么他们是怎样研究出来的呢？提出这个答案的科学家是阿尔弗雷兹。

科学家画廊

路易斯·沃尔特·阿尔弗雷兹（1911—1988）　国籍：美国

阿尔弗雷兹是研究宇宙射线的物理学教授，他思想很活跃。第二次世界大战期间，他发明了一种雷达，当大地被浓雾笼罩时，雷达能引导飞机安全着陆。从此，他用毕生的精力研究出了原子的结构，并因此赢得了诺贝尔奖。业余时间，他利用X射线探寻埃及金字塔内的秘密，同时，他还有时间弄清了恐龙的灭绝原因。

阿尔弗雷兹和他的儿子沃尔特认为，在6500万年前，一颗巨大的小行星撞上了地球，可怕的碰撞产生了巨大的海啸，海浪席卷了海中的岛屿，淹没了沿海地区，大气层中弥漫着粉尘和令人窒息的空气，在整个地球上四处蔓延，遮住了阳光，如同使地球突然进入冬季，这种状态持续了几十年的时间。

连续几年的冬天就已经对恐龙十分不利了。我们哺乳动物是通过化学反应消化食物，产生并积蓄体内热量的，哪怕是在最寒冷的天气里，我们的体温也能保持稳定。可恐龙是冷血动物，它们需要从阳光中摄取热量来提高体温，它们可能一天大部分时间都在晒太阳，吸收阳光中的热量。

因此，在这漫长的冬季，冷血恐龙开始冻得发抖，不久就灭绝了。小行星毁灭了地球上3/4的生物，恐龙时代就这样结束了。温血哺乳动物逃过劫难，将要开始统治这个星球。

这样的劫难真的发生过吗？

碰撞的悲剧

▶ 小行星与行星的碰撞从来没有间断过。1908年，在西伯利亚通古斯的上空8千米处，一颗冰冷的彗星爆炸，炸平了约3100平方千米的森林，在约100千米以外，人们的衣服都被烧焦了。

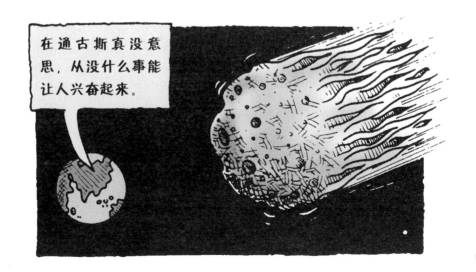

▶ 太阳系有点儿像一张三维的斯诺克球台，小石块嗖嗖掠过时迟早会与大物体碰撞。我们现在也能看到，在月球上布满了小行星坑，那是因为月球上没有风、没有水，无法将这些坑抹平。

▶ 地质学家发现，在墨西哥尤卡坦半岛附近的海底，有一个小行星砸成的巨坑，它大约发生在6500万年前，难道这就是给恐龙带来末日的那个小行星撞击地球后留下的吗？

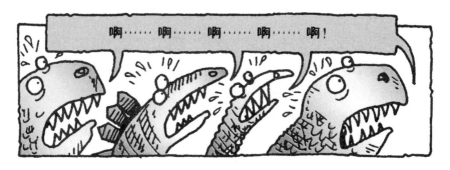

▶ 小行星如果可以砸出那么大的坑，那么，它的毁灭性要比世上所有的核弹的破坏性的总和还要大一万倍。

▶ 小行星含有一种叫做铱的稀有元素。6500万年前，世界各地沉积的岩石中，都有一层充满铱的粉尘，这些铱粒子一定是来自地球与小行星相撞后的尘云。

你肯定不知道！

6500万年前恐龙的集群灭绝是每个人都在谈论的话题，但地球生命近乎灭绝并非仅此一次。大约2.45亿万年前，将近96%的物种消失了，对于滚动的三叶虫和凶猛的海蝎来说，那是世界的末日。谁也不知道发生这一切的真正原因。许多科学家认为，是因为地球越来越热，部分海水干涸，致使生活在浅水区的动物全部死亡。绝大多数死去的海洋生物都有微小个体的幼虫阶段，这些幼虫生活在海水表面的浮游生物体内。因此，可能是海水里的化学变化毒死了它们。是不是真是这样，我们可能永远也无法知道。

甚至在更早的时候，另一次神秘的集群灭绝使下面这些令人不可思议的动物全部失踪。

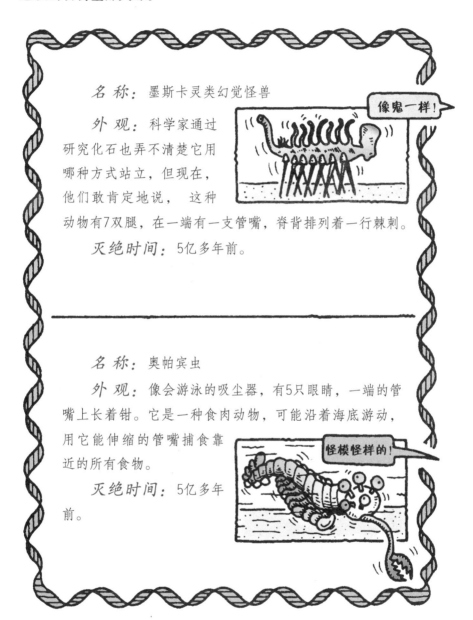

名　称：墨斯卡灵类幻觉怪兽

外　观：科学家通过研究化石也弄不清楚它用哪种方式站立，但现在，他们敢肯定地说，这种动物有7双腿，在一端有一支管嘴，脊背排列着一行棘刺。

灭绝时间：5亿多年前。

名　称：奥帕宾虫

外　观：像会游泳的吸尘器，有5只眼睛，一端的管嘴上长着钳。它是一种食肉动物，可能沿着海底游动，用它能伸缩的管嘴捕食靠近的所有食物。

灭绝时间：5亿多年前。

值得庆幸的是，进化的好处在于不断产生新的设计，装备那些生物，使它们适应变化多端的恶劣环境。某些生命在大规模灭绝的灾难后，总能设法存活下来。有时，如果有足够的时间，进化能"发明"出你想象不到的生命来。

进化的好处在于，无须我们的帮助，新的动物就在进化中层出不穷。然而巨大的变化不是一夜之间就能完成的，每一步微小的变化都要花上千万年的时间。假如时间充足，进化会发明出惊人的东西。以眼睛为例……

眼睛开始于一种单一的化学感光物质，可以让动物区别出：

▶ 自己是暴露在外，可能被敌人吃掉。

▶ 还是安全地躲在石头底下。

接下来，这种化学感光物质在皮肤内的一个小纹孔里集中在一起，光线可透过小孔照射进来，就像一部照相机的镜头一样，可以拍摄成像，效果出奇的好。

怎样通过针孔照相机观察世界?

▶ 找一根管子，最好长约30厘米，宽8厘米，不过大小是否精确不太重要。

▶ 用铝箔把一端粘上，再拿一根针在中间扎一个小孔。

▶ 另一端用透明的描图纸粘上。

▶ 然后把针眼对准明亮的窗户或者灯光。你就能看到透明的描图纸上有一个倒影，这就是针孔照相机的工作原理。有些蜗牛的眼睛构造就像这样。

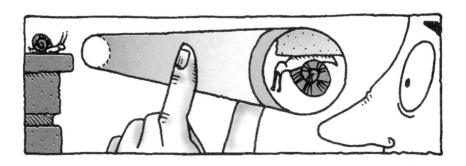

现在，你已经通过蜗牛的眼睛观察了这个世界，图像清晰，你能判断出在你家外面鬼鬼祟祟的动物是朋友还是敌人——尽管图像是颠倒的。

从那以后，眼睛逐渐变得越来越高级，一次进步一点点。

▶ 很多动物眼窝里全是胶状物质，能够折射光线，再使光线聚集在感光细胞上，这样，图像就更清晰了。

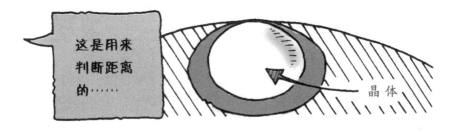

这是用来判断距离的……

晶体

▶ 胶状体变硬形成晶体，由于肌肉拉动可使晶体改变不同的形状，所以看物体无论远近都可对好焦距，看得清楚。

▶ 后来又进化出一层透明的薄皮即角膜，角膜把敏感的眼球盖上，起保护作用。

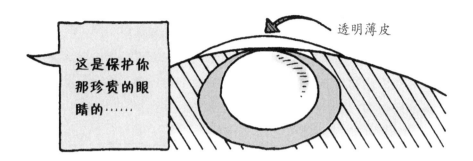

透明薄皮

这是保护你那珍贵的眼睛的……

▶ 瞳孔在眼内进化而成，负责进入光线的小孔的开关，所以无论光线明暗，眼睛都能看清楚。

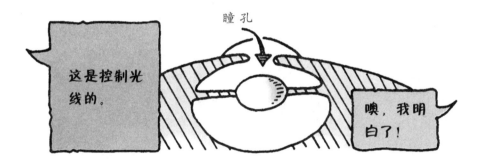

瞳孔

这是控制光线的。

噢，我明白了！

我们的眼睛经过10亿年的进化，才像今天这样，尽管这时间很漫长，可最终眼睛进化还是完成了。更加让人无法相信的是，在不同动物群体中，进化结果并不是一次完成的。乌贼是蜗牛家族的成员之一，它的眼睛几乎能和我们人类的眼睛相媲美。

穴居生物

一些动物居住在地下深处的洞穴里，生物学家称之为"穴居者"。它们在洞穴中度过一生，从不露出地面。有些穴居动物，如可怜的得克萨斯盲眼蝾螈，它们的祖先曾经生活在地表，而且长着眼睛，在演化成穴居动物的过程中，它们的眼睛渐渐消失了，因为在黑暗中眼睛毫无用处。在这种地方生活很可怕，蝾螈不得不凭借异常灵敏的嗅觉到处搜索，寻找食物。

设想一下，生物学家第一次探索这些令人毛骨悚然的洞穴时是怎样的情景。有些盲眼蜘蛛进化出一种可怕的捕食方式，先吊着长腿晃来晃去，摸索猎物，然后再把下巴插进猎物的身体内。你得有钢筋铁骨，才有胆量去穴居者那无眼的世界搜寻探险。

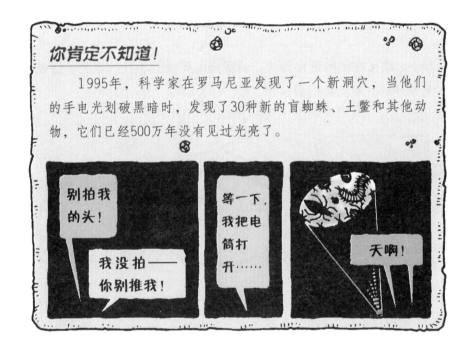

你肯定不知道！

1995年，科学家在罗马尼亚发现了一个新洞穴，当他们的手电光划破黑暗时，发现了30种新的盲蜘蛛、土鳖和其他动物，它们已经500万年没有见过光亮了。

别拍我的头！

我没拍——你别推我！

等一下，我把电筒打开……

天啊！

考考你的老师

"穴居"的意思是：

1. 住在猪圈里。

2. 住在黑暗的洞穴里。

3. 猪太胖，挤不进猪圈。

2。

翼龙飞起来

有时，进化利用已有的东西创造出新的东西，并改进它，使它在别的地方也能有用。

我们再回到2亿年前的侏罗纪时期。白天奇热，而夜间又冷得让人难受。一些翼龙的祖先个子不大，熬过漫长的寒夜以后，黎明时刻则瑟瑟发抖，而中午太阳当头暴晒时，它们又会被烤得半死。

一些翼龙祖先变了个绝妙的戏法，使体温不再像悠悠球那样忽高忽低，它们在四肢和身体之间，长出充满血管的薄皮，这样就增大了体表受光的面积。就是说，白天它们可以迅速散热，降低体温；黎明到来时，又可以伸开翅膀享受第一缕温暖的阳光。

★ 原文为cool，意为"冷"。

天气极度炎热时，它们就可以扇动这些薄皮，自造一些凉风。突然，它们飞起来了，它们的"冷却系统"居然完美地变成能滑翔的翅膀。

鱼类的一小步……

你还记不记得空棘鱼，第83页提到的活化石？

类似的动物在几亿年前爬出大海，进化成能在水中也能在陆地上生活的动物——它们变成了两栖动物，如今天的青蛙、蟾蜍和蝾螈。空棘鱼的骨质鳍已经开始向四肢演化。

当然，爬上陆地仅仅是个开始。鱼是通过从水中吸进氧气的腮来呼吸的，而腮在陆地上却没有什么用。爬上陆地的动物，如果不进化出一种在空气中而不是在水中呼吸的方法，那么，在干燥的陆地上生活就会是一场灾难。值得庆幸的是，这些动物恰恰做到了这一点。

今天，如果你在旱季挖开非洲湖床下面干燥的淤泥，就会找到鱼，那是会用肺呼吸的鱼。这些鱼的内脏已经进化出了一些环状物，它们扩展形成肺部，可以用来呼吸空气。也许它们先进化出这种特别的内脏气体交换器，用于在缺少氧气的浑浊泥水中生活。现在，它们被埋在干涸的湖底时，就能用肺来呼吸，等待着雨水重新把湖水充满。

所以，当鱼爬上陆地时，它们已经具备了比较初级的肺——一种它们能吸取空气中的氧气的特别的内脏器官，最后这些器官经过进化形成更完善、更有效的肺。

一个全新的你

如果你细心地观察动物，常常会发现，它们已经完成了进化出新东西的必要准备。这里缩小一点儿，那里伸长一点儿，它们就会变成完全不同的模样。

最近，科学家可以剪下一小片动物的基因，再把它拼接到另一个动物的身上，通过这种办法改变动物，以使建造身体的基因指令发生改变，这就叫"基因工程"。

也许将来在基因工程师的帮助下，我们能在人身上安装一些有用的新器官，像红外线视觉器官。

红外线视觉器官

什么是红外线？

红外线是一种暖物体发出的肉眼看不到的光。

谁能看到红外线？

一种叫做穴居蝰蛇的剧毒蛇能看到红外线。它们利用红外线，在漆黑的洞中能"看"到猎物。

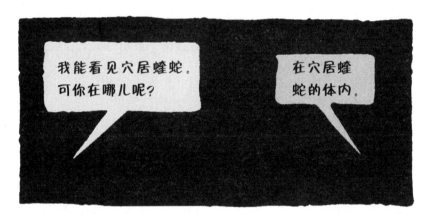

我们用红外线做什么呢？

首先即使在暗处，你也绝对不会踩到猫身上，因为每个动物在暗处都会发出微弱的玫瑰色暖光。另外，你也可以在夜间去观鸟。

体内指南针

指南针有什么作用？

有些动物无须使用指南针就可以环游世界（再顺原路返回）。这是因为在它们的大脑里，有一些微小的磁性粒状斑点，使它们具有方向感。

哪些动物大脑里有这样的磁性粒状斑点？

蜜蜂和信鸽肯定有，或许还有一些动物脑中也有这种磁性斑点。

在数千英里远的陌生的地方，鸽子和候鸟利用体内指南针可以找到回家的路。

体内指南针能帮我们干什么？

你永远不会迷路，你知道走哪条路，你在什么位置以及怎样回家。可是，上学迟到的时候，你就不能以迷路为借口了，这有点糟糕吧！

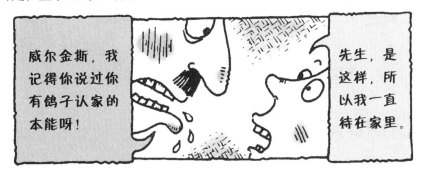

威尔金斯，我记得你说过你有鸽子认家的本能呀！

先生，是这样，所以我一直待在家里。

身体静电

什么是"身体静电"？

身体静电是人体肌肉放电的现象。

谁体内有静电？

鳗鲡体内有静电，它们利用静电把猎物击晕。

身体静电能帮我们干什么？

你再也不需要用电池做手电筒的电源了。可是，和人握手的时候，你可要万分小心噢！

想想看，通过进化或者基因工程师的帮助，人类将来会变成什么样子？这真有意思！然而，我们只不过刚刚揭开人类起源的神秘面纱。自从达尔文提出进化论以来，科学家就一直怀疑，猴子和人类的祖先是相同的……

街区的新生儿

今天，地球上混居着老居民和新演化出来的新居民。

惊人的事实

在含有硫化物的泉水里和深海火山的四周，你还能发现一些细菌的存在，这些细菌和35亿年前埋在岩石中的细菌化石几乎完全一样。

你肯定不知道！

苔藓，这些生长在人行道的石缝里，被人们随意践踏的微小绿色植物，具有惊人的生存能力。自从5亿年前来到这个世上到现在，它们的变化微乎其微。今天的苔藓、地衣种类与恐龙脚下的苔藓、地衣种类极其相似。它们是生物进化的成功范例之一。

小东西，干得好！

我们人类是地球上的最新居住者，是这一"街区"的新生儿。我们能不能像硫细菌和苔藓一样，成功地生存下去呢？现在下定论还为时过早。不过，我们可以通过人类的家庭相册，探寻一下有关进化的一个最迷人的问题：最早的人类是谁？

长臂下悬，指关节着地，在地上拖着向前

也许你觉得，你知道最早的人长得什么样，那是从连环漫画中看到的。你知道它们……

听起来很耳熟吗？

对了，它们就像今天的体育老师！

其实，我们无法准确地描述最早的人类长得什么样，因为我们手头只有几根散落的骨头。如果最早的人类如今还健在的话，它们可能会为漫画中自己的形象感到愤愤不平的。

更让它们生气的是，我们还拿它们和体育老师相提并论。不过，我们要弄清楚一件事，不管你听说的是什么，事实上，人类并不是从黑猩猩、大猩猩或者体育老师演化而来的。

考考你的老师

猿科动物是：

1. 猩猩家族的科学术语。

2. 臭运动鞋的细菌的科学术语。

3. 老师使用的须后水的牌子（须后水是刮完胡子后抹在面部的一种液体）。

猿科动物？

猿科动物？

猿科动物？

1。

　　我们与这些具有优质皮毛的类人猿非常相似，我们和它们大多数的基因是相同的，但它们并非我们的直系祖先。

　　事情可能是这样的：

　　很久以前，大概是400万年前吧，有一个无名的黑猩猩一样的类人猿住在非洲，它身上可能长满了可怕的毛，也许还能用四肢行走。

……或许长得这个样子

嗯，嗯，啊，啊！

　　这些古老的祖先，有的演变成今天的大猿，另一个分支则演变成"人科"——这是科学家为包括人类的类人猿起的名字。而现在的大猿们无论如何也不会演变成人类，哪怕我们等上几百万年也不会有这一天，它们按照自己的进化道路走下去，离人类越来越远。

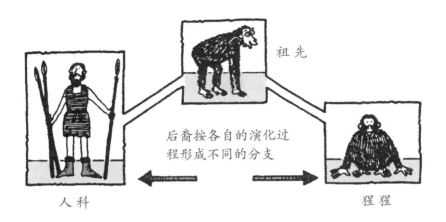

祖先

后裔按各自的演化过程形成不同的分支

人科

猩猩

在20世纪，科学家用了绝大部分的时间，试图发现一些人类祖先神秘灭绝的遗迹——在生物进化过程中未知的某些环节——这些祖先离开了树林，在非洲的大平原上直立穿行。

这些人被称为"南方古猿"，也就是"南部类人猿"，大约生活在400万年前。

南部的类人猿

别把它和自然课老师布朗先生搞混啊

直立行走

玛丽·李基是一位人类学家，是她第一个证明了我们的祖先和我们一样直立行走。1976年，在坦桑尼亚一个叫做拉托利的地方，她发现了距今360万年的原始人类的三行脚印。这充分证明，人类的祖先那时就用两只脚走路，而不是像猴子那样四条腿行走。

既然人类起初是用四条腿走路，那么是什么促使他们改为直立行走呢？科学家提出了不同的看法。你认为哪一个可能是正确的？

1. 用两只脚走路，有助于人类在天气炎热的日子里散发热量，站立起来使他们无须将大部分身体都暴露在非洲那灼热的阳光下，也可能会保持头脑冷静。

2. 或许是为了自我保护。如果他们直立行走，可能会更容易看到捕食他们的动物？因为早期人类的生活是非常危险的。

3. 把手解放出来，以便制造和使用工具。

1924年，一组在南非工作的古生物学家挖出了一堆尸骨。经过研究他们发现，这些尸骨大约已有300万年了，是几只小动物的骨骼，其中绝大多数是类似鼠类的动物骨骼，但是有些尸骨看起来很奇怪也很熟悉，经仔细观察，他们最终发现是一名幼儿的尸骨。但是这个孩子可能长的和你不一样，他属于早期原始人类的一种，叫做南方古猿非洲种，他的下场可能相当可怕。到底发生了什么事情呢？

a）他是否遭到鼠群的袭击，经过殊死搏斗，杀死几只老鼠后自己也死去了呢？

b）他是否死于自然因素，然后和宠物一起被埋葬了呢？

c）还是他被老鹰啄死，又被那可怕的钩形嘴切成碎块，叼回巢穴，喂了小鹰？

答案

　　c）科学家认为，他的残骸是在一个巨鹰的巢穴化石中，与其他动物的残骸混在一起，都是鹰带回来的食物。科学家还发现，在这个可怜的孩子骨头上，有鹰嘴一样的痕迹。

是露茜还是露茜安

　　科学家们总是全神贯注地工作，当他们发现特别引人注目的标本时，就会全身心地投入进去，有时甚至还会为它起个名字。

　　20世纪70年代在埃塞俄比亚就发生了这样一件事。当时科学家们发现了一个保存完好的标本，这个标本是一块一块发现的，这是一位原始人类的女性成员，学名叫做"南方古猿阿法种"，意思是"埃塞俄比亚阿法地区的南部类人猿"。和我们一样，她也直立行走，但是她到成年时，身材只有今天12岁的孩子那么高，大约1.3米。

　　她是一个非常奇特的标本，因此被命名"露茜"，这个名字取自甲壳虫乐队的一首歌曲：《在空中戴着钻石的露茜》。

　　最近，人们对露茜提出了疑问，认为这个人不是女性。300万年过去了，很难说清楚这个人到底是男是女。

因此，该不该把"露茜"更名为"露茜安"（男性的名字）呢？科学家们对此仍在争议。

"可爱的"拉丁语

我敢打赌，你一定在想，这些奇怪、拗口的科学术语都是从哪里来的？

科学家为所有的生物都起了一个拉丁名字，这是古罗马使用的语言。因为全世界的科学家都懂拉丁文，而如果这些名字用英文、中文或西班牙文写出来，那么对不会说这些语言的人来说，它们就毫无意义了。

拉丁名由两部分组成，第一部分叫做"属"，第二部分叫做"种"。在"属"中常包含数十个不同的"种"。比如说，有许多种大猫，它们都属于"Panthera"这个属，但是每一只猫又有一个不同的种名，所以……

▶ Panthera tigris 是"老虎"

▶ Panthera leo 是"狮子"

▶ Panthera pardus 是"非洲豹"

▶ Panthera anca是"美洲虎"

如果粉红色豹有个拉丁名字，那就该叫"Panthera rosea"。

拉丁名字通常会告诉你这个生物的一些特征，因此……

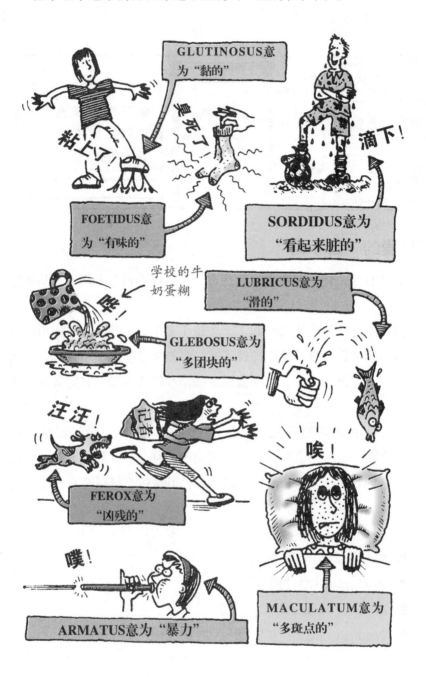

化石人的家庭影集

人类一旦开始了进化，舞台上就出现了一系列的大有希望的原始人类。现在你该见一见以前不认识的各位亲戚了。

能人

拉丁名称：Homo habilis（意思是"制造工具的人"）。

年　龄：生活在150万—200万年前。

住　址：首次由玛丽·李基在非洲发现，周围还有其他亲戚的尸骸。

相貌特征：说不清，因为科学家只发现了几块骨头，不过可能浑身是毛，并且能直立行走。

特　长：发明了石头工具，从此人类变得聪明了。

火人

拉丁名称：Homo heidelburgensis。可能是Homo trectus（生存很久的种类）的一个成员，但是科学家为他起了个更响亮的名字：海德堡人。原因是在德国海德堡附近，挖出了类似的遗骨。

年　龄：首次出现在150万年前。

住　址：非洲、亚洲和欧洲。

相貌特征：体形和大脑容量都大于"能人"。

特　长：生火，是最早使用火的原始人类。

博克斯格罗伍人

拉丁名称：Homo heidelbergensis（有些科学家将其看为Homo erectus的一种）。

年　龄：45万岁，是迄今发现的最年长的英国人，可能生存到距今3万年前。

住　址：英国苏塞克斯郡的博克斯格罗伍。

相貌特征：无法形容，只在海德堡附近找到一个下颌骨。1995年，考古学家发现了几颗牙齿和一根腿骨，但只凭这些无法知道其外表。

特　长：屠宰。他的残骸是在犀牛遗骨中发现的，这只犀牛可能是他剥皮吃肉后留下的（当时，犀牛栖息在不列颠岛，在冰河时代，它们才被迫南下）。

尼安德特人

拉丁名称：Homo neand – ertalensis（意思是"来自德国尼安德峡谷的人类"）。

年 龄：直到大约3万年前还生活在欧洲。

住 址：散居在西欧的几个地方。

特 长：住在洞中。也许比我们想象的更聪明，比如他们的大脑比我们的大脑还要大。

智 人

拉丁名称：Homo sapiens（意思是"聪明人"）。这就是你，你是其中的一员。

年 龄：大约25万岁。

住 址：世界各地。

特 长：行为残暴。

你肯定不知道！

直到20世纪50年代，科学家一直相信，大约20万年前，地球上还有另一种原始人类在四处漫游。他们的名字叫"皮尔当人"。因为他们的头盖骨是1908年在英国苏赛克斯的皮尔当发现的。

化学试验却最终证实，"皮尔当人"完全是个骗局！他的头盖骨竟然是各种各样的头骨碎片粘在一起的！当时，没人敢认定是谁制造了这样一个骗局，愚弄了许多科学家。但是，人们也提出了许多推测。

有人说，伪造者是查尔斯·道森，他是一位业余地质学家，是他首先发现了这个头盖骨。还有人说，此事与《福尔摩斯》的作者亚瑟·柯南道尔爵士有关。柯南道尔是一位狂热的化石猎手，而且就住在头骨挖掘地的附近。他曾写过一本书叫做《失去的世界》，书中有一部分故事情节就是伪造化石。

有人看到我的假牙了吗？

可怕的事实

近10年来，中国科学家发现了一个惊人的事实。他们发现市场上在出售一些奇怪的东西，上面标着"龙齿"。不久，科学家就证实，这些牙齿实际上是一个貌似大猩猩的巨型动物的牙齿化石。此后，在洞中一些巨大的骨架四周，还发现了更多的牙齿。

科学家进一步证实，在很久以前，大约100万年前，曾经生活着一种怪物类人猿，他们的身材是现代人的2倍。科学家称这些动物为Gigantopithecus（巨猿），意为"巨型类人猿"。这就是现在世界各地流传的巨人传说的谜底吗？美洲的"大脚怪"，或者"喜马拉雅山可怕的雪人"真的就是"巨猿"吗？他们至今仍然存在吗？

我们也许永远找不到一个可怕的雪人。对科学家来说，首先考虑的是怎样找到至今仍然存在的所有其他人种，但这是一个难题，因为如果你还不知道一个物种是不是存在，那又怎么知道去寻找什么呢？

地球上还有什么

科学家们很容易忽视巨大的动物，这真让人吃惊。你也许会认为，很久以前他们就应该发现所有最神奇的动物了，可是，新的动物总是层出不穷。

那么，科学家究竟是怎样漏掉这些的呢？

大嘴鲨鱼

（Megachasma pelagios——意为"辽阔海洋里的大嘴巴"）

首次发现： 1976年，在夏威夷附近，由一艘勘探轮船偶然捕到。1983年，在加利福尼亚海岸，发现了另外一只。此后，在澳大利亚和日本附近海域又发现了几只。

快点！往这里面逃！

突出特点： 身长5米，鱼嘴巨大，是世界第六大鲨鱼。尽管它排列着236行400个牙齿，但却惊人的友好，而且，这些牙齿都很小。鲨鱼嘴内在暗中发着光。生物学家认为，鲨鱼张开大嘴在深水中游来游去，像一个捕猎的火把，诱使海洋里幼小的生命游向它嘴里的微光。科学家还发现，在大嘴鲨的内脏还存活着一种新的寄生虫。

前途： 不太糟。它们性情温顺，有人靠近时，总是表现得很驯服——这对它们有利，因为一提到"鲨鱼"这个词，大多数人都禁不住寻找渔叉。

谁会想到我们会忽视这样的动物？

维库安牛

（Pseudoryx nghetinhensis）

首次发现： 1992年，在越南肉类市场发现部分碎片。当地人知道它长的是什么样子，还知道怎样把它做熟。直到1994年，活标本才由西方科学家发现。

突出特点： 差不多与山羊一样大，牛角非常漂亮。

前 途： 肉质鲜嫩，所以似乎前景不妙。此外，牛角可能会成为猎人感兴趣的战利品。

为什么这么久才发现？

海绵体

首次发现： 1994年，由潜水员在地中海探察水下洞穴时发现。

突出特点： 世界上唯一的食肉海绵。它们似乎喜欢吃小虾。它们好像用遍布全身的小触角钩捕食——像尼龙拉带一样，吞食所有误闯进来的猎物。

前 途： 暗淡。地中海已受到严重污染，因此它们可能难以生存下去。

虽然多年来我们一直以它们为食，科学家却没有看见小小的潘多拉。

共栖生物潘多拉

　　首次发现：1995年，附着在挪威龙虾嘴里。

　　突出特点：微小动物，仅1毫米长，可这一发现价值很大。这种共栖生物不同于地球上任何一种动物，它是一种全新的重要动物群体。雄性一辈子都栖息在雌性身体上，身体某一部分受损也无大碍，因为雌雄潘多拉都具有再生能力。

　　前途：这要看挪威龙虾的前景如何了，因为共栖生物潘多拉终生附着在龙虾的嘴里。多年来人们一直在捕食挪威龙虾，这就是说，很多人一直在吃潘多拉，而他们自己却不知道！

　　如果不仔细观察，有谁知道在地球上没有人探究过的角落里，会发现什么样奇怪的生物潜伏着呢？尽管几百年来，科学家在不停地探索地球，力求发现某些新的物种，但是，他们也仅仅发现了地球生物中极小极小的一部分。

数一数物种

　　我们与大量的动植物共享这个地球，你想过没有地球上共有多少物种？

考考你的老师

　　先问问老师，一共有多少物种？

a）100万？

b）1000万？

c）3000万？

d）1亿？

答案

谁也说不清楚到底有多少。迄今为止，生物学家已发现并描述过的物种约150万，而且无一例外地认为一定还有更多的物种。其中有一位科学家寻找新物种时比别人更卖力，他就是美国甲虫专家——泰里·厄温。

厄温做了一次简单而有效的试验，他在巴拿马雨林中，用烟雾笼罩一棵学名叫Luehia seemannii的树，把所有被烟熏昏迷后掉下来的甲虫都收集起来。

在这堆甲虫中，他发现有160种甲虫是以前从没有见过的。他知道，在热带雨林中，大约有5万种不同的树木，因此，厄温经过简单的计算，便算出了在雨林中可能隐藏着多少种不为人知的甲虫。

泰里·厄温观察的对象只是甲虫，如果甲虫有800万种，那么其他昆虫的数量会是多少呢？有多少种蚯蚓、蜗牛或者其他令人毛骨悚然的爬虫呢？这还不算植物和细菌呢！不久前，挪威的研究人员在一小茶匙土里就挖出了4000种新的细菌。

你的老师猜到答案如果是1亿种，那可能就对了（别告诉他们答对了，如果让他们觉得自己永远正确就会翘尾巴的）。

今天，物种灭绝的速度越来越快，对此，人类难咎其责，这真让人伤心。许多最理想的动植物的栖息地正遭受着人类的破坏，污染严重，有人甚至砍伐森林植被兴建新的家园，修建工业厂房或者开垦新农田。迄今为止，人类在保护生物多样性方面考虑不周。不知不觉中，我们正在迫使数千种物种濒临灭绝，所以抽出点时间，想一想：

▶　渡渡鸟　曾栖息在印度洋的毛里求斯小岛上，因为岛上没有天敌，所以它们生活得悠然自得。可是，后来人类登上了小岛，带来了老鼠、猫和狗。可怜的渡渡鸟没有翅膀，无法飞翔，行动迟缓，最后一只渡渡鸟于1680年死去。

▶　斯泰勒海牛　温顺而驯服，以德国博物馆学家乔治·斯泰勒命名。1742年，在一次船只失事中乔治发现了一只海牛，人们最后一次看到海牛是在1769年，随后它便步自己家族成员的后尘……被海员吃掉了。

▶　北美候鸽　19世纪初，北美洲的森林上空到处都有北美候鸽的身影，它们成群结队，数目最多达3亿多只。

渡渡鸟
死于1680年
渡渡鸟根本就没有生存权

斯泰勒海牛
死于1769年
温顺，驯服，味美

北美候鸽
死于1914年
没有候鸽就没有飞行

令人难以置信的是，到1914年就只剩下一只北美候鸽了。它们被人类捕猎，成了盘中美味，它们栖息筑巢的森林也被毁于一旦。因为一对候鸽一年只生一只蛋，所以幼鸽生长的速度还没有农民捕杀它们的速度快。当最后一只候鸽匆匆离开它的栖息地，死在美国辛辛那提动物园里的时候，这一物种最终消失了。

▶ 塔斯马尼亚狼 外表像瘦小的欧洲狼，不同的是身上有条纹，像袋鼠一样，常常把幼崽放在育儿袋里。当塔斯马尼亚狼袭击岛上农户的羊群时，牧羊人气坏了。于是他们把狼赶尽杀绝，最后一只残存者也在1936年死于澳大利亚霍巴特动物园。

▶ 海滨黑麻雀 肯尼迪航天中心以前是一大片沼泽地，那里是麻雀的天堂。可是，后来火箭上了天，鸟儿落了地，原因是火箭基地断绝了它们的食物来源。科学家想尽办法也没能挽救它们，海滨黑麻雀于1984年结束了最后一次飞行。

塔斯马尼亚狼
死于1936年
因袭击羊群而遭灭绝

海滨黑麻雀
死于1984年
火箭占据了它们的家园

编后语

人们无法使灭绝的物种起死回生，但是还有时间挽救老虎、斯皮克斯金刚鹦鹉、加州秃鹰、马达加斯加蛇鹰、白喙啄木鸟、玳瑁乌龟和大熊猫，这些动物正在濒临灭绝……

有一点是确定无疑的，那就是它们的演化用了极其漫长的时间，所以科学家们绝不会让它们轻易在地球上消失。

疯狂测试

进化之谜

快来看看你是不是进化或死亡方面的专家！

证明它！

现在，你认为自己已经掌握了基因的要领、了解了进化的秘密了吗？做做下面这些快速小测试，看看你到底进化成了一个真正的现代人（"智人"），还是和一只低能的猴子差不多。

引人关注的基因

基因的发现开启了一个探索人体的全新领域。但是这些特殊的小粒子到底是什么，它们又为什么恰恰如此重要？做一下这个快速的小测验，你就会找到答案了。

1. 基因在人体里扮演着什么角色？
a）生产血细胞
b）控制遗传特性
c）没人知道

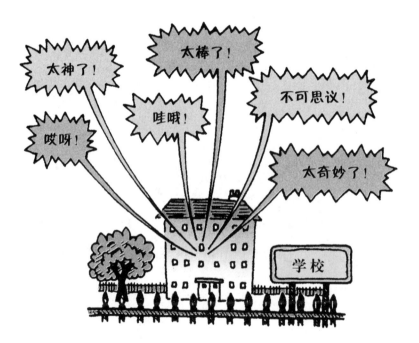

2. 当显性基因和隐性基因在后代身上结合后，哪种基因的特点会显现出来？

　　a）两种基因的特点同时显现出来

　　b）显现隐性基因的特点

　　c）显现显性基因的特点

3. 携带基因的身体密码叫什么名字？

　　a）染色体

　　b）节拍器

　　c）花园地精

4. 基因自然改变的过程叫什么？

　　a）遗传学

　　b）变异

　　c）转变

5. 人体细胞完全复制一次DNA需要多长时间？

　　a）8小时

　　b）1年

　　c）你的一生

6. 每个人体细胞中有多少对染色体？

　　a）23对

　　b）46对

　　c）2对

7. 哪种人体细胞中的染色体数较少?

a) 精子细胞和卵子细胞

b) 毛细胞

c) 皮肤细胞

8. 下面的哪项说法是正确的?

a) 金鱼和人类有相同的染色体数

b) 金鱼的染色体数多于人类的染色体数

c) 金鱼的染色体数少于人类的染色体数

1. b), 2. c), 3. a), 4. b), 5. a), 6. a), 7. a)（精子和卵子细胞有23个染色体——不是23对），8. b)。

了解进化

科学家们花费了数百年的时间去了解生物进化理论。现在，让我们一起回顾这段有着众多发现的历史，看看你究竟掌握了多少。

1. 地质学家整天都研究些什么？

提示：答案将震惊世界。

2. 科学家经常研究史前植物和动物的什么？

提示：拭目以待。

3. 6500万年前发生的什么事被认为是造成恐龙灭绝的原因？

提示：它产生了巨大的影响。

4. 哪种动物拥有和人类一样的智慧？

提示：它们是非常聪明的动物。

5. 控制下一代性别的生殖细胞染色体叫什么名字？

提示：不是Z。

6. 当细胞分裂时，细胞内的染色体会发生什么？

提示：分裂和变强。

7. 沃森和克里克在1953年发现了什么？

提示：我也不知道。

答案

1. 岩石（包括化石这些东西）。

2. 化石——古代植物和古代动物的遗迹。

3. 一个小行星撞击地球。

4. 智人。

5. X和Y染色体。男孩有一个X和一个Y 染色体；女孩有一对X 染色体。

6. 染色体也分裂，因此每个新细胞仍然有一套完整的功能。

7. DNA结构。

进化彻底

　　到目前为止，你彻底弄懂什么是进化了吗？那么，就把这些烦人的人体密码按照从小到大的顺序排列，就像俄罗斯套娃那样……

　　a）DNA

　　b）细胞

　　c）化学成分

　　d）身体

　　e）基因

　　g）染色体

　　f）细胞核

1. c）化学成分，组成……

2. e）基因，是……的单位

3. a）DNA，组成……

4. g）染色体，可以在……找到

5. f）细胞核，是……的中心

6. b）细胞，形成……

7. d）身体

孟德尔和他伟大的发现

疯狂教士孟德尔是基因（尽管他不那么叫它们）发现的第一人。他进行的细致实验开启了一个叫做遗传学的全新科学，而这一伟大的发现都是他平日在修道院花园里的植物旁闲逛完成的！下面看看你是否能通过填写漏掉的词将他对修道院院长的说明补充完整。

太神奇了！

亲爱的院长：

我写信给您，是想告诉您一件非常有趣的事，它是我和我的 __1__ 玩时发现的。当时，我正站在那些植物旁边，欣赏着它们不同的 __2__ ，突然我对于是什么决定了它们的这些 __3__ 感到十分惊奇。于是，我开始不断实验，小心地对这些不同品种的植物进行 __4__ ，想看看结果会怎样。后来，我发现它们身上每一个特点都是从一个极小的 __5__ 那里继承来的，并且总是 __6__ 地出现。其中的一些为 __7__ ，意思是它们的特点将总会在下一代中显现；另外的一些为 __8__ ，意味着它们的特点会被显性的覆盖。作为一个园丁，我可以算是一个非常好的科学家，对于这一点您一定会赞同的。而且，我相信多年以后人们一定会记住我是如何发现科学的一个新的分支的……那么，您觉得我应该得到提升吗？

真诚的，

孟德尔兄弟

a）异花授粉

b）颜色

c）显性

d）豌豆

e）粒子

f）成对

g）特点

h）隐性

1. d），2. b），3. g），4. a），5. e），6. f），7. c），8. h）。

"经典科学"系列（26册）

肚子里的恶心事儿
丑陋的虫子
显微镜下的怪物
动物惊奇
植物的咒语
臭屁的大脑
神奇的肢体碎片
身体使用手册
杀人疾病全记录
进化之谜
时间揭秘
触电惊魂
力的惊险故事
声音的魔力
神秘莫测的光
能量怪物
化学也疯狂
受苦受难的科学家
改变世界的科学实验
魔鬼头脑训练营
"末日"来临
鏖战飞行
目瞪口呆话发明
动物的狩猎绝招
恐怖的实验
致命毒药

"经典数学"系列（12册）

要命的数学
特别要命的数学
绝望的分数
你真的会＋－×÷吗
数字——破解万物的钥匙
逃不出的怪圈——圆和其他图形
寻找你的幸运星——概率的秘密
测来测去——长度、面积和体积
数学头脑训练营
玩转几何
代数任我行
超级公式

"科学新知"系列（17册）

破案术大全
墓室里的秘密
密码全攻略
外星人的疯狂旅行
魔术全揭秘
超级建筑
超能电脑
电影特技魔法秀
街上流行机器人
美妙的电影
我为音乐狂
巧克力秘闻
神奇的互联网
太空旅行记
消逝的恐龙
艺术家的魔法秀
不为人知的奥运故事

"自然探秘"系列（12册）

惊险南北极
地震了！快跑！
发威的火山
愤怒的河流
绝顶探险
杀人风暴
死亡沙漠
无情的海洋
雨林深处
勇敢者大冒险
鬼怪之湖
荒野之岛

"体验课堂"系列（4册）

体验丛林
体验沙漠
体验鲨鱼
体验宇宙

"中国特辑"系列（1册）

谁来拯救地球